KB149677

불법 복사·스캔

식품감각검사

이론과 실험

저자 소개

구난숙

서울대학교 생활과학대학 식품영양학과 졸업

서울대학교 대학원 식품영양학과 석사(가정학석사)

미국 플로리다 주립대학교 대학원 식품영양학과 박사(이학박사)

현) 대전대학교 보건의료과학대학 식품영양학과 명예교수

이경애

서울대학교 생활과학대학 식품영양학과 졸업

서울대학교 대학원 식품영양학과 석사(가정학석사)

일본 도쿄대학 대학원 농예화학과 박사(농학박사)

현) 순천향대학교 자연과학대학 식품영양학과 교수

김미정

서울대학교 생활과학대학 식품영양학과 졸업

서울대학교 대학원 식품영양학과 석사(가정학석사)

서울대학교 대학원 식품영양학과 박사(이학박사)

현) 동국대학교 가정교육과 겸임교수

노준희

전남대학교 생활과학대학 식품영양학과 졸업

전남대학교 대학원 식품영양학과 석사(이학석사)

전남대학교 대학원 식품영양학과 박사(이학박사)

현) 경북대학교 식품영양학과 조교수

식품감각검사 이론과 실험

초판 발행 2024년 2월 23일

지은이 구난숙, 이경애, 김미정, 노준희
펴낸이 류원식
펴낸곳 교문사

편집팀장 성혜진 | **책임진행** 전보배 | **디자인** 신나리 | **본문편집** 유선영

주소 10881, 경기도 파주시 문발로 116
대표전화 031-955-6111 | **팩스** 031-955-0955
홈페이지 www.gyomoon.com | **이메일** genie@gyomoon.com
등록번호 1968.10.28. 제406-2006-000035호

ISBN 978-89-363-2527-5(93590)
정가 21,000원

SENSORY EVALUATION
THEORY AND EXPERIMENT

식품감각검사
이론과 실험

구난숙 이경애 김미정 노준희 지음

교문사

머리말

가족과 함께 음식을 만들어 먹던 한국인의 식생활에 큰 변화가 일어나고 있다. 학교나 직장에서 집단급식을 이용하여 하루에 한 끼 이상을 먹는 인구가 늘어나고 있고, 외식을 빈번하게 즐기는 문화가 보편화되고 있다. 1인 가구가 증가하고 편리함을 중요시하는 사람이 많아지면서 간편식의 소비도 증가하고 있다. 또한 'K-food'라는 용어가 생겨났을 정도로 한국 음식이 세계적으로 알려졌고, 이에 따라 식품업체들은 다양한 한국 음식을 간편식 형태로 생산하고 있다.

음식은 영양과 위생뿐만 아니라, 먹는 사람의 기호도 고려하여 만들어야 한다. 급식업체, 외식업체 및 식품업체에서는 국내 소비자는 물론, 세계인을 고려한 새로운 조리법, 새로운 음식 그리고 새로운 가공식품 연구에 신경을 써야 한다. 다양한 사람들의 미각, 후각, 시각, 청각, 촉각 등 오감을 만족시키는 식품을 개발하기 위해서는 통계를 바탕으로 체계적이고 과학적인 감각검사가 실시되어야 한다.

이 책은 식품의 감각검사 이론을 공부하고 실험을 통해 이론을 쉽게 이해할 수 있도록 다음과 같이 구성하였다.

1장부터 7장까지는 식품의 객관적 평가방법과 품질요소, 감각검사의 설비 및 이용, 시료 준비와 제시, 패널의 선발 및 훈련, 감각검사의 영향요인과 측정도구를 설명하고 있다. 그리고 8장부터 11장까지는 종합적 차이검사, 특성차이검사, 묘사분석, 소비자검사에 대한 이론과 실험의 예를 다루었다. 이 책에 소개된 각 감각검사의 실험방법, 자료 수집과 분석 및 결과 판정을 공부하면서 감각검사를 명확하게 이해할 수 있다. 마지막으로 12장에는 감각검사별 통계프로그램을 활용하려는 분들께 도움이 되는 정보가 담겨 있다.

저자들은 대학에서 식품감각검사와 관련된 강의를 하고 있으며, 이에 대학생들이 이해하기 쉬운 강의교재의 필요성을 느끼고 이 책을 집필하게 되었다. 이 책이 급식업체, 외식업체, 식품업체 등에서 새로운 메뉴 개발, 신제품 개발, 식품 품질관리 업무를 수행하는 실무자들께도 도움이 되기를 바란다.

이 책이 출판되기까지 애써 주신 교문사 여러분께 감사드린다.

2024년 2월 저자 일동

차례

CHAPTER 1
서론

CHAPTER 2
객관적 평가방법

CHAPTER 5
감각검사용 시료의 준비

CHAPTER 6
패널의 선발 및 훈련

CHAPTER 9
특성차이검사

CHAPTER 10
묘사분석

CHAPTER 1
서론

서론

산업의 발전과 경제력 향상으로 많은 생산자가 새로운 식품개발에 힘쓰고 있다. 이러한 영향으로 오늘날 소비자들은 다양한 식품을 시중에서 접하게 되었다. 생산자는 소비자의 욕구를 만족시키기 위해 또한 소비자는 식품을 올바르게 선택하기 위해, 식품평가는 생산자와 소비자 모두에게 중요한 요소이다.

1. 식품평가법의 정의

산업의 발달과 경제적 여유는 소비자가 다양한 형태의 식품을 맛볼 수 있게 하였다. 식품의 홍수 속에서 소비자는 자신의 입맛에 맞는 식품을 찾아 그 속에서 기쁨을 얻기도 한다. 따라서 소비자는 다양한 시간과 장소에서 식품을 평가해야 하고 이때 소비자는 객관적 근거보다 주관적 판단에 의지하여 식품의 맛과 질을 평가하게 된다.

식품평가법이란 식품의 품질이나 기호성을 평가하는 방법으로, 물리적·화학적 방법을 이용하여 기계적으로 측정하는 객관적 평가와 인간의 5가지 감각기관(시각, 후각, 미각, 촉각, 청각)을 이용하여 제품의 질을 평가하는 주관적 평가가 있다 표 1-1.

감각검사는 주관적 평가법으로 식품의 색, 맛, 냄새, 텍스처 등의 차이나 기호성을 다수의 사람의 감각에 의해 판단하고 통계처리하여 판정하는 방법이다. 음식(객체)을 음식 자체의 화학적·물리적 요인에 의해 평가하기도 하지만 음식을 먹는 사람(주체)의 다양한 요인이 음식의 질을 평가하는 데 영향을 미치게 되어 식품의 감각검사에는 아주 다양한

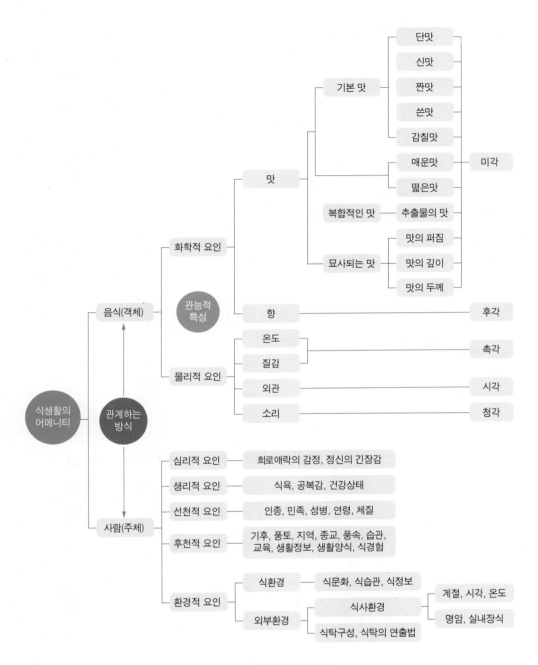

그림 1-1 **식품의 감각적 요소**
자료: 이주희 외(2008). 과학으로 풀어 쓴 식품과 조리원리.

요소가 작용하게 된다 **그림 1-1**. 식품의 평가는 단독으로 인지할 수도 있지만 서로 상호작용하기도 한다. 예를 들어 텍스처의 감각은 미각과 촉각뿐만 아니라 시각과 청각으로도 전체적인 정보를 얻을 수 있다. 미국 식품공업자협회(IFT, Institute of Food Technologists)에서는 감각검사를 식품과 물질의 특성이 시각, 후각, 미각, 촉각 및 청각으로 감지되는 반응을 측정·분석 내지 해석하는 과학의 한 분야이다."라고 정의하였다.

표 1-1 식품평가법의 분류

객관적 평가방법	무게, 조직감, 향, 색, 맛을 기계로 검사		
주관적 평가방법 (감각검사)	분석적 검사	종합적 차이검사	삼점검사, 일-이점검사, 단순차이검사, A-부A 검사
		특성차이검사	이점비교검사, 다시료비교검사, 순위법, 평점법
		묘사분석	향미프로필
			텍스처프로필
			정량묘사분석
			스펙트럼 묘사분석
			시간-강도 묘사분석
	소비자검사	정량적 검사	기호도검사
			선호도검사
		정성적 검사	초점그룹, 일대일 면접 등

과학의 발달로 인해 이화학적 검사로 제품의 여러 가지 특징을 조사할 수 있게 되었고 여러 가지 물질의 함량을 측정할 수 있게 되었으나, 그럼에도 불구하고 제품의 향미특성과 같은 경우는 사람이 감지하는 물질의 특성을 종합해야만 알아낼 수 있다.

감각검사는 검사의 목적에 따라 가장 적절한 검사방법을 선택하고, 패널을 선정하여 재료를 제공하며, 준비된 검사지에 평가결과를 기록하게 하여 그 결과를 집계·분석한 다음 유의성을 검정하는 단계로 이루어진다 **표 1-2**.

표 1-2 감각검사의 정의 및 단계와 패널의 정의

감각검사의 정의	사람이 측정기구가 되어 물질이나 제품의 특성을 평가하는 방법
감각검사의 단계	• 감각검사의 계획 • 평가할 시료, 감각검사지 준비와 평가실 확보 • 패널선정(필요시 패널훈련) • 재료 제공 • 검사지 제공 • 검사지에 기록 • 결과집계 및 분석 • 통계처리, 유의성 검정
패널의 정의	식품을 먹고 식품의 특성을 평가하는 일을 수행하는 사람으로 감각검사원 또는 감각검사원으로 부름

2. 감각검사의 발전

제2차 세계대전 이전, 식품업계의 관심은 안전하고 영양가치가 있는 식품을 생산하는 것이었다. 하지만 그 후 안전하거나 영양가치가 있는 식품을 소비자가 거부하는 현상이 일어나고, 생산방법이나 유통체계가 변화하면서 식품의 감각적 특성에도 변화가 생겼다. 이와 같은 변천과 심화되는 시장경쟁으로 식품업계는 소비자의 기대나 욕구를 신제품 또는 개선제품에 반영하였고, 이 과정에서 감각검사의 역할이 중요해졌다.

감각검사는 식품의 특성을 알아내어 소비자가 선호하는 제품을 알 수 있게 하였다. 감각검사는 1980년대에 들어서면서 눈에 띄게 활발히 진행되었다. 적합한 감각검사방법을 선정하고, 믿을 만한 패널을 동원하여 표준환경에서 감각검사를 실시하고, 합당한 통계분석방법으로 데이터를 분석하는 감각검사의 결과는, 식품산업에서 중요한 결정을 할 때 믿을 만한 자료로 활용되었다.

따라서 성공적인 감각검사를 하는 데 도움이 되기 위해 이 책에서는 감각검사활동의 조직, 개발 및 운영에 대한 체계적 접근방법을 소개하고, 정확하고 신뢰성이 있는 검사활동을 위한 실질적이고 체계적인 감각검사의 이론과 방법을 제시하는 데 중점을 두었다.

식품분야는 일찍부터 감각검사에 관심을 가졌다. 감각검사는 1940~1950년대, 미국 육군의 식품기호연구지원책으로 이용되었다. 이를 통해 육군은 장병의 기호도를 결정하는 데 영양가가 아닌 식품의 향미가 중요한 인자임을 알게 되었다.

1950년대 캘리포니아대학에서 감각검사과정의 강의를 시작하여 감각검사 전문요원을 배출하였다. 초기 감각검사에 관한 연구는 차이식별검사와 이것을 기업환경에 적용하는 것이었다. 1957년에 Arther D. Little사는 향미프로필 방법을 개발하여, 전문가 한 사람에게 의존하던 품질평가에서 벗어나 여러 훈련된 패널의 동일한 견해를 평가도구로 삼았다.

1960~1970년대 중반에 FAO 등은 저개발 또는 개발도상국에서 굶주리고 영양실조에 시달리는 사람들을 위하여 새로운 식품을 개발해 공급하는 사업을 하였으나 실패하였다. 아무도 제품의 감각적 특성이나 소비자의 감각적 기호도를 고려하지 않았기 때문이었다.

1960년대 중반에서부터 1970년대에 이르기까지, 국제적으로 식량과 농업에 관한 관심이 높아졌고, 식품원료의 부족과 가격상승 등의 요인으로 조립식품(fabricated foods) 등 다양한 신제품을 탄생시키면서 식품의 개발에 감각검사의 필요성이 더욱 고조되었다. 최근에는 미국이나 우리나라에서도 정기적으로 감각검사 단기코스나 워크숍 등을 학회나 자문기관의 주관으로 개최하고 있다.

3. 감각검사의 필요성

식품공업의 성장과 가공기술의 발전으로 제품이 다양해지면서 1~2명의 전문가가 한 회사에서 생산하는 모든 제품의 품질을 결정하는 것이 어려워졌다. 현대적인 측정기술의 발전과 감각검사에 대한 응용이 확대되면서, 제품의 감각적 평가를 여러 패널에게 맡기는 감각검사방법이 활용되기 시작하였다.

그런데 최근 나타나는 감각검사에 대한 관심은 경쟁적으로 변하고 있는 시장 상황 때문인 것으로 생각된다. 소비자가 구매하려는 제품은 여러 회사에서 생산되어 공급되고, 이들 제품은 편리성, 향미, 가격 등에 차이가 있어 소비자의 선택의 폭이 넓어졌다. 따라서 소비자가 자기 회사의 제품을 반복하여 구매하기를 원한다면 기업은 품질이나 가격 면에서 경쟁제품보다 앞선 제품을 생산해야 하며, 이를 달성하기 위한 노력을 해야 하고, 이에 따른 자금 부담이 늘어나 기업이윤의 폭이 감소한다. 또한 경쟁이 심화될수록 제품의 수

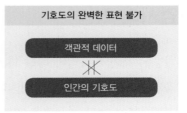

절대표준 없음

시간　비용　다양한 기호도

감각검사의 문제

기호도의 완벽한 표현 불가

객관적 데이터

인간의 기호도

감각검사의 필요성

그림 1-2 **감각검사의 문제와 필요성**

명(product life cycle)이 짧아져 신제품의 개발이 가속화되며, 신제품 도입에 드는 비용이 많아져 기업에 부담을 준다. 이러한 여건에서 경쟁에 이기고 소비자에게 호평받는 제품을 성공적으로 생산·판매하려면 소비자의 욕구에 맞는 제품을 경쟁력 있는 가격으로 생산해야 한다. 이를 위해서는 소비자의 욕구가 무엇인지 알아내고, 이에 맞는 제품의 감각적 특성에 관한 지식을 쌓아야 하며, 최종적으로 개발된 제품이 소비자의 감각적 욕구를 제대로 반영했는지 평가해야 한다.

식품의 특성 중 객관적 측정치는 뉴턴(힘), 미터(길이) 등의 절대적인 단위로 계산되지만 이 모든 자료는 인간이 만족하지 못하면 무용지물이다. 감각검사가 일반적으로 시간을 소모하고 비용이 비싸며 절대적인 표준도 없지만, 모든 객관적 측정치는 인간의 감각을 통해 평가될 때 의미가 있다. 예를 들어 저작 중에 나타나는 변형, 흐름, 타액과의 섞임, 온도, 크기, 모양과 표면의 질감 등이 변하는데 이를 기기가 일일이 측정할 수는 없다**그림 1-2**. 감각검사는 제품개발뿐만 아니라 새로운 제품의 질감평가와 품질관리를 위한 정보를 제공한다.

감각검사활동의 독립성과 범위는 조직의 크기와 운영방침에 따라 다르다. 보통 큰 회사일수록 감각검사조직이 크고 복잡한 업무를 담당하나, 이 역시 회사별로 차이가 있다. 일반적으로 연구개발부서의 감각검사활동은 신제품 개발 및 기존 제품의 연구에 필요한 서비스 제공, 배합비 개발에 필요한 업무의 협조, 품질관리에 필요한 검사활동 등이다.

4. 감각검사의 기능

감각검사의 기능은 시기와 목적에 따라 다소 다른데, 그것을 정리하면 그림 1-3과 같다. 감각검사는 품질관리 규격의 개발, 특히 객관적 측정방법이 없는 경우에 중요한 역할을 한다. 제품의 등급 또는 합격·불합격을 판정하는 방법의 결정, 감각적으로 측정된 특성과 객관적 측정치의 상관관계를 확립하여 객관적 측정방법을 품질관리에 적용하는 작업 등에 차이식별검사 또는 묘사분석 등이 이용된다.

감각검사는 제품의 판매와 관련된 문제해결에도 이용된다. 예를 들면, 시장에 있는 경쟁제품을 수거하여 감각적 품질을 측정하여 얻은 정보를 자기 회사제품의 판매정책에 반영하는 것이다. 이 외에도 시장조사를 통하여 경쟁사 또는 자기 회사제품의 판매량의 변화를 이해하는 데 소비자의 선호도검사 등이 활용된다.

여러 가지 여건을 고려할 때 감각검사는 앞으로 제품개발, 품질관리 및 판매에 관련된 결정의 기초정보를 제공하는 역할을 할 것이다. 특히 시장의 판매경쟁이 심해지고, 소비자의 제품에 대한 관심과 지식이 증가하고, 원료가격의 상승 등을 예상할 때 감각검사의 역할이 점점 중요해질 것이다. 이러한 추세는 우리나라 시장에서도 예외 없이 나타나며, 이에 따라 각 식품회사에서 감각검사에 대한 관심이 고조되고 있다. 이런 상황을 고려할 때 학계와 기업 간 공동노력을 경주하여 해당 분야의 전문인력을 확보해야 하며, 감각검사에 관한 연구도 다양하게 이루어져야 할 것이다.

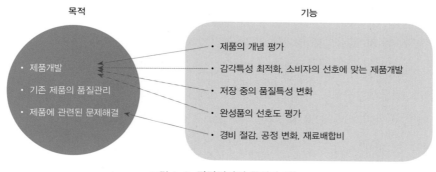

그림 1-3 감각검사의 목적과 기능

5. 식품품질관리

1) 농식품 인증

(1) 친환경농축산물 인증

친환경농축산물이란 생물의 다양성을 증진하고, 토양에서의 생물적 순환과 활동을 촉진하며, 농업생태계를 건강하게 보전하기 위하여 합성농약, 화학비료, 항생제 및 항균제 등 화학자재를 사용하지 않거나 사용을 최소화한 건강한 환경에서 생산한 농축산물을 말한다.

그림 1-4 친환경농축산물 인증 마크
자료: 국립농산물품질관리원 홈페이지

친환경농축산물 인증제도란 정부가 지정한 전문인증기관이 엄격한 기준으로 선별·검사하여 화학자재를 사용하지 않거나 사용을 최소화한 건강한 환경에서 생산한 농축산물임을 인증해주는 제도이다.

친환경 인증 마크는 국가가 인증한 품질 좋고 안전한 농식품임을 알 수 있도록 국새 모양의 초록색 사각표지로 소비자가 이해하기 쉽도록 단순화하여 나타내고 있다그림 1-4.

유기농산물은 합성농약과 화학비료를 전혀 사용하지 않고 재배(전환기간: 최초 수확 전 3년)한 것이며, 유기축산물은 유기농산물의 재배·생산 기준에 맞게 생산된 유기사료를 급여하면서 인증기준을 지켜 생산한 축산물을 말한다. 무농약농산물은 합성농약을 전혀 사용하지 않고 화학비료는 권장 시비량의 1/3 이내를 사용한 것이다.

(2) 농산물 우수관리(GAP)

농산물 우수관리(GAP, Good Agricultural Practices)란 우리 농산물의 체계적인 관리와 안정성 인증을 위해 생산에서 판매단계까지 안전관리체계를 구축하여 소비자에게 안전한 농산물을 공급하고 농산물의 안전성 확보를 통한 소비자 신뢰 제고 및 국제시장에서의 우리 농산물의 경쟁력을 강화하며, 저투입 지속 가능한 농업을 통한 농업환경을 보호하고자 하는 규격제도이다.

그림 1-5 GAP 인증 마크
자료: 국립농산물품질관리원 홈페이지

그간 일어난 여러 가지 위생 관련 사고로 인하여 국내농산물에 대한 안전성 강화의 필요성이 대두하였고, 국제적으로도 안전농산물 공급 필요성을 인식하여 Codex(국제식품규격위원회), FAO(국제식량농업기구)에서는 지속 가능한 농업 추진 및 안전성 강화를 위하여 GAP 기준을 제시하는 등의 변화가 있었고 우리나라도 농산물 안전성 강화를 위하여 GAP 제도를 2006년부터 본격 시행하게 되었다.

(3) 우수식품 인증제도

우수식품 인증제도란 가공식품산업표준, 전통식품품질 인증제, 원산지 인증제 등을 아울러 우수식품임을 표시하는 제도이다.

① 가공식품 표준화(KS)

가공식품 표준화는 합리적인 식품 및 관련 서비스의 표준을 제정·보급함으로써 가공식품의 품질고도화 및 관련 서비스의 향상, 생산기술 혁신을 기하여 거래의 단순·공정화 및 소비의 합리화를 통하여 식품산업 경쟁력을 향상시키고 국민 경제발전에 이바지하려는 제도이다.

② 전통식품품질 인증제도

전통식품품질 인증제도는 국내산 농수산물을 주원(재)료로 하여 제조·가공·조리되어 우리 고유의 맛·향·색을 내는 우수한 전통식품에 대하여 정부가 품질을 보증하는 제도로, 목적은 생산자에게는 고품질의 제품생산을 유도하고, 소비자에게는 우수한 품질의 우리 전통식품을 공급하는 데 있다.

그림 1-6 **전통식품 품질 인증 마크**

자료: 국립농산물품질관리원 홈페이지

③ 원산지 인증제도

원산지 인증제도의 운영목적은 농업과 식품산업 간 연계 발전을 도모하고 농산물을 원료로 가공하며 조리한 식품의 원산지에 대한 신뢰 강화를 위한 것이다.

그림 1-7 **원산지 인증 마크**

자료: 국립농산물품질관리원 홈페이지

(4) 농산물이력추적관리

농산물이력추적관리란 농산물의 안전성 등에 문제가 발생할 경우 해당 농산물을 추적하여 원인을 규명하고 필요한 조치를 할 수 있도록 농산물을 생산단계부터 판매단계까지 각 단계별로 정보를 기록·관리하는 것을 말한다.

그림 1-8 농산물이력추적 마크
자료: 국립농산물품질관리원 홈페이지

국제적으로 광우병 파동 이후 식품의 안전문제에 관심을 가지기 시작하면서, 축산물을 중심으로 이력추적관리제도를 실시하고 있으며, 점차 농산물로 확대되고 있는 추세이다. EU는 쇠고기 라벨링을 강제하는 규칙[Regulation(EC) 1760/ 2000(Beef Labeling Regulation)]을 채택하고 2001년 1월부터 소와 쇠고기에 대한 이력추적관리제도를 모든 회원국에 적용하고 있고 EU 식품기본법[Regulation(EC) 178/2002] 제18조에 따라 2005년 1월부터 전체 농식품과 사료에 의무적으로 이력추적관리제를 도입하였다. 미국에는 이력추적관리제도의 요소가 일부 포함된 식품회수프로그램이 있으며, 캐나다는 식품회수프로그램에 식품추적시스템(Traceability)을 도입하였다.

(5) 지리적 표시제도

지리적 표시(Geographical Indication)란 농수산물 또는 농수산 가공품의 명성, 품질, 기타 특징이 본질적으로 특정지역의 지리적 특성에 기인하는 경우 그 특정지역에서 생산된 특산품임을 표시하는 것을 말한다.

도입목적은 국제적인 지리적 표시 보호 움직임(1995년 WTO의 무역관련지적재산권협정 TRIPs)에 보다 적극적으로 대처하고 우수한 지리적 특성을 가진 농산물 및 가공품의 지리적 표시를 등록·보호함으로써 지리적 특산품의 품질 향상, 지역특화산업으로 육성을 도모하려는 것이다. 2002년 보성 녹차가 1호로 등록되었고, 제주 한라봉, 청송 사과 등이 지리적 표시 농산물이다.

(6) 술품질인증제도

술품질인증제도란 2010년 8월부터 술의 품질인증을 받고자 하는 생산업체가 정부가 지정

가형
품질인증을 받은
모든 제품인 경우

나형
주원료와 국(麴)의 제조에
사용된 농산물이 100%
국내산인 경우

그림 1-9 **술품질 인증 마크**
자료: 국립농산물품질관리원 홈페이지

한 인증기관에 인증을 신청한 술에 대하여 인증기관이 품질 심사 및 인증을 하고 정부가
그 인증의 품질을 보증하는 제도로, 목적은 우리 술의 고품질 생산 장려 및 소비자 보호
이다.

현재 술품질인증 대상품목은 탁주와 약주를 비롯해 8개 주종이 인증대상이다(농식품
부 고시).

2) 안전성조사

(1) 안전성조사
안전성조사는 생산 및 유통/판매단계의 농산물에 대하여 실시하며, 조사결과 잔류허용기
준을 초과한 생산단계 부적합 농산물은 시장에 출하되지 않도록 폐기/용도전환/출하연기
등의 조치를, 유통/판매단계 부적합 농산물은 관계기관 통보/생산단계 재조사 등의 조치
를 통하여 생산자와 소비자를 동시에 보호하기 위한 제도이다.

(2) 농약 허용물질목록 관리제도(PLS, Positive List System)
국내 사용 또는 수입식품에 사용되는 농약 성분을 등록하고 잔류허용기준을 설정하여, 등록된 농약 이외에는 잔류농약 허용기준을 일률기준(0.01mg/kg)으로 관리하는 제도로 일본 (2006. 5.), EU(2008. 11.), 대만(2008. 10.), 미국(zero tolerance, 1960년대)이 도입하고 있다.

● **PLS 적용 예**

취나물에 마늘 농약성분 다이아지논(Diazinon)으로 기준이 설정된 농약을 사용하여 0.03ppm의 잔류농약 검출 시
• 시행 전: 해당 농약 성분의 최저 기준인 0.05ppm 이내로 검출되어 '적합'
• 시행 후: 일률기준(0.01ppm)을 적용하여 '부적합' 판정(폐기 또는 출하연기)으로 차이가 나는 것을 알 수 있다.

---

(3) 코덱스 국제식품규격(Codex Alimentarius)

코덱스 국제식품규격은 식품에 대한 전 세계적으로 통용될 수 있는 기준 및 규격 등을 규정한 식품법령이라 할 수 있다. Codex는 법령(code), Alimentarius는 식품(food), 전체적으로 식품법(Food Code)을 의미한다.

식품규격(Standard), 지침(Guideline), 실행규범(Code of Practice) 및 최대잔류허용기준(MRLs) 등의 설정을 통하여 소비자의 건강보호와 식품교역 시 공정한 무역을 확보하고 식품위생 및 품질에 대한 국제적인 기본규약을 제공하며, 식품의 국가 간 교역에서 국제통상 위생기준의 역할을 수행한다.

3) 원산지관리

(1) 원산지표시관리

원산지표시관리의 목적은 농산물, 수산물이나 그 가공품 등에 대하여 적정하고 합리적인 원산지 표시를 하도록 하여 소비자의 알권리를 보장하고, 공정한 거래를 유도함으로써 생산자와 소비자를 보호하는 것이다.

원산지 표시제도는 국제규범에서 허용하고 있는 제도로서 미국, EU, 일본 등 대부분의 국가가 원산지 표시제도를 운영하고 있다. 우리나라는 1991년 수출입물품의 원산지 표시제를 도입하여 시행 중이다. 음식점 원산지 표시대상업소는 일반음식점, 휴게음식점, 집단급식소, 위탁급식소이며, 음식점 농산물 원산지 표시대상품목(29품목)은 다음과 같다.

쇠고기, 돼지고기, 닭고기, 오리고기, 양고기, 염소고기(유산양 포함), 배추김치(원료 중 배추와 고춧 가루), 쌀(밥, 죽, 누룽지), 콩(두부류, 콩국수, 콩비지), 넙치, 조피볼락, 참돔, 미꾸라지, 뱀장어, 낙지, 명태, 고등어, 갈치, 오징어, 꽃게, 참조기, 다랑어, 아귀, 주꾸미, 가리비, 우렁쉥이, 전복, 방어, 부세

(2) 축산물이력관리

축산물이력관리는 가축 및 축산물의 생산·도축·가공·유통과정의 각 단계별 정보를 기록·관리함으로써 문제 발생 시 이동경로를 추적하여 신속하게 대처하며 가축방역의 효율성을 도모하고, 축산물 안전성에 대한 소비자의 신뢰를 확보하기 위해 2008년에 도입하였다.

유럽과 일본, 미국의 광우병 발생 등으로 국내적으로 소비자들이 식품위생 및 안전성에 관심이 높아져 이력제 필요성이 제기되었다. EU, 일본, 호주 등에서 실시하고 있으며 미국도 개체식별시스템을 통해 질병관리 등에 활용하는 등 다수 국가에서 시행하고 있다.

우리나라는 소 및 쇠고기에 대한 위생·안전체계의 구축과 유통의 투명성을 확보하고 국내 소 산업의 경쟁력을 강화하기 위하여 쇠고기 이력제가 2009년 6월 22일에 전면 시행되었으며 2014년 12월 28일에 이력대상품목에 돼지고기가 추가되었고, 2020년 1월 1일부터는 닭·오리·달걀까지 확대 시행되고 있다.

4) 품질검사

(1) 농산물검사

농산물에 대한 국가검사를 실시함으로써 농산물의 품질향상, 공정 원활한 거래 및 소비의 합리화를 도모하여 국민경제 발전에 기여하도록 하는 것이 목적이다. 현재 곡류, 특용작물, 과일, 채소 등에서 시행 중이다.

(2) 인삼류관리

인삼류 자체 검사업체의 지정·관리, 검사합격품 사후관리, 부정유통 단속 등으로 소비자

보호 및 유통질서 확립을 위해 시행 중이다. 인삼류는 검사합격품만 판매해야 하며, 검사는 인삼검사소(농협중앙회)와 자체 검사업체에서 담당한다.

(3) 양곡표시제

양곡표시제란 소비자에게는 정확한 품질정보를 제공하여 선택의 폭을 넓혀주고 생산자에게는 품질향상을 유도하려는 목적으로 시행하는 제도이다. 대상은 미곡류, 맥류, 두류 등이며 의무표시사항은 품목, 생산연도, 중량, 품종, 도정 연월일, 생산자, 가공자, 등급, 원산지 등이다.

5) 국제표준화기구

국제표준화기구(ISO, International Organization for Standardization)란 여러 나라에 있는 표준제정단체에서 뽑힌 대표로 이루어진 표준화기구이다. 1947년에 출범하였으며 국제적으로 두루 쓰는 표준을 만들고 보급한다. 영문 명칭에서 보다시피, 기구의 약칭은 ISO다. 약칭이 특별히 어느 언어를 따른 게 아님을 강조하기 위해 "평등한"을 뜻하는 그리스어 isos를 가져와 ISO를 모든 언어에서 쓰이는 약칭으로 정했다.

ISO라는 단어는 흔히 각 나라의 표준제정단체에서 뽑힌 국제표준화기구에서 정한 표준들을 지칭하는 데에도 사용된다. 흔히 표준에 숫자로 된 코드번호가 붙고, 그 앞에 ISO를 표기해 ISO 제정 표준임을 명시하는 방식이다. 다음은 식품과 관련된 예이다.

● **ISO 표준 예**

- ISO 3720:2011: 홍차 생산부터 먹는 방법까지 홍차에 대한 모든 표준
- ISO 3103: 홍차를 끓이는 방법에 대한 표준
- ISO 22000: 식품 안전에 관한 표준
- ISO 9000: 품질경영시스템-기본사항과 용어
- ISO 9001: 품질경영시스템-요구사항

CHAPTER 2
객관적 평가방법

객관적 평가방법

2 감각검사는 개인이 식품에서 느끼는 사항을 점수나 순위 또는 묘사를 통해 표현하는 것으로, 개인의 감정과 개성에 의해 결과가 많이 달라질 수 있다. 이러한 감각검사의 일정하지 않은 결과는, 소비자패널의 신중한 선발과 다수의 소비자패널 확보로 감소되며, 기계를 통해 객관적인 자료를 보완할 수도 있다 객관적 자료는 신뢰성과 필요한 정보를 얻는 경제적이고 빠른 수단이다, 객관적 조사는 식품의 특성에 대한 자료를 제공하며, 감각검사 자료를 보강하는 기능을 한다.

1. 무게

무게는 식품의 평가에서 비중이나 밀도, 부피와 함께 가장 일반적으로 측정하는 객관적 자료이다. 무게는 보통 중량으로 계량하고 주로 주부저울, 전자저울(디지털)을 사용한다. 소량을 측정할 경우 조리용 전자저울을 사용하고, 대용량을 측정할 경우에는 대용량 저울을 사용한다. 무게의 표준단위는 그램(g)이며 서양에서 사용하는 상용단위를 그램으로 표현하면 아래와 같다.

- 1온스 = 28.35g
- 1파운드 = 16온스 = 450g

| 주부저울 | 전자저울(대용량) | 전자저울(소용량) |

그림 2-1 **저울의 종류**

2. 비중

1) 보메(Baumé) 비중계

(1) 중보메계

물보다 무거운 액체에 사용하는 것으로 15℃에서 물의 부점을 0도, 15% 식염수가 표시하는 부점을 15도로 하고 그 사이를 15등분한 것이다.

(2) 경보메계

물보다 가벼운 액체에 사용하는 것으로 10% 식염수가 표시하는 부점을 10도로 하고 그 사이를 10등분하여 눈금을 붙인 것이다.

그림 2-2 **보메 비중계**

2) 디지털(Digital) 비중계

앞면의 스위치로 수온과 특정 중력보상과 계산이 가능하며 정밀하고 간편하게 비중을 측정할 수 있다.

3. 부피

1) 부피측정기구

일반적으로 식품의 부피측정에는 계량컵이나 계량스푼을 이용한다. 계량컵과 계량스푼은 세트로 사용되지만 측정해야 할 용량이 클 경우 갤런이나 쿼트 등을 사용하기도 한다. 부피와 무게를 나타내는 계량단위는 요즘에는 표준단위를 사용하므로 일상적으로 사용하는 단위를 표준단위로 알아둘 필요가 있다.

- 1C = 200mL(우리나라) / 1C =240mL(서양)
- 1T(table spoon) = 15mL
- 1t(tea spoon) = 5mL
- 1ounce = 30mL
- 1gallon = 4quarts = 8pints = 16C

2) 물 이용법과 씨앗 대용법

단단하고 부피가 작은 고체식품은 물이 담긴 메스실린더에 넣은 후 증가된 물의 양으로 부피를 측정할 수 있다(물 이용법). 물에 젖으면 식품의 특성을 잃는 떡 같은 식품의 부피는 보통 씨앗 대용법에 의해 측정한다 그림 2-3.

부피측정기는 부피를 측정하는 기기로 시료와 같이 혹은 시료 없이 좁쌀과 작은 공과 같은 작은 씨앗을 채워 부피를 측정한다. 시료의 실제 부피는 두 측정치의 차이다. 부피측정기가 없으면 시료보다 큰 상자로 그림과 같은 방법으로 씨앗을 채워 씨앗의 무게를 측정하여 부피를 계산한다. 케이크는 팬 자체를 이용하여 측정할 수 있다.

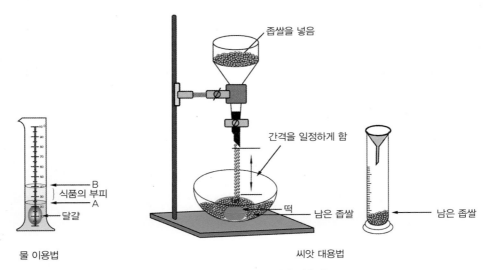

그림 2–3 **물 이용법과 씨앗 대용법**

물 이용법과 씨앗 대용법을 이용한 부피측정

1. 물 이용법을 이용한 달걀의 부피측정
   ① 메스실린더에 물 일정량을 담고 부피를 읽는다(A).
   ② 달걀을 담근다. 올라간 수면의 부피를 읽는다(B).
   ③ (B–A)를 하면 달걀의 부피가 된다.
2. 씨앗 대용법을 이용한 떡의 부피측정
   ① 큰 그릇에 작은 그릇을 담고 작은 그릇에 씨앗을 꽉 채워 담는다.
   ② 떡을 작은 그릇에 담으면 작은 그릇에 담긴 씨앗이 밖으로 흘러넘친다.
   ③ 넘쳐나온 씨앗을 모아 메스실린더에 담아 눈금을 읽는다.
   ④ 눈금이 떡의 부피가 된다.

3) 잉크프린팅

잉크프린팅(ink blot method)은 식품 횡단면의 바깥라인으로 부피를 측정하는 것이다. 이 방법을 사용할 때는 시료조각을 같은 위치에서 잘라야 하며, 조각의 횡단면에 뚜렷한 잉크얼룩을 만들거나 펜이나 연필로 날카롭게 점을 찍으면서 횡단면을 그린다. 잉크얼룩은 시료 횡단면에 잉크를 묻히고 종이에 찍어 만든다. 시료의 정확한 외곽선을 얻기 위해 각 시료의 횡단면을 복사할 수도 있다. 측면기는 시료조각의 실제 외곽선을 섬세하게 따라 그리는 데 사용한다.

측면기(planimeter)

불규칙한 경계선을 갖는 식품에 묻은 잉크의 면적을 측정하는 데 사용하는 간단한 기계로, 포인터가 패턴 주위에 흔적이 되는 거리를 측정한다.

4) 비중을 이용하는 방법

비중은 물의 밀도에 대한 식품의 밀도로서 일정한 부피의 시료 무게를 같은 부피의 물의 무게($4°C$에서 물 1mL의 무게는 1g)로 나누어 얻는다. 이 방법은 물 이용법이나 씨앗 대용법, 잉크프린팅으로 부피를 측정할 수 없는 식품의 비중을 비교하기 위해 사용된다. 이 방법으로 난백 거품이나 크기가 다른 감자의 비중을 측정할 수 있다.

간혹 식품의 비중은 식품의 특성을 나타내기도 하는데, 감자의 비중은 분질감자와 점질감자를 구분하는 데 사용된다. 달걀의 비중은 달걀의 신선도 판정에 사용된다.

비중 = 식품의 밀도와 물의 밀도와의 비율

4. 수분함량

1) 압착유체

즙액의 양이나 수분함량의 객관적인 측정은 압착유체를 이용한다. 육류, 가금류, 어류의 수분함량은 서클로미터(succulometer)를 사용하여 측정한다. 이 방법은 압력과 시간을 조절한 뒤, 시료의 무게를 재서 그 차이를 통해 수분의 양을 알아내는 것이다. 압착유체는 시료의 무게로 알 수 있는데 압력과 시간이 조절된 시료의 무게 차이로 즙의 양을 나타낸다. 무게의 손실이 클수록 시료의 즙은 더 많다.

2) 습윤도

빵의 수분함량은 습윤도를 통해 알 수 있다. 습윤도를 알기 위해서는 시료의 무게를 측정한 후 물이 담긴 접시에 5초간 놓고 꺼내 증가된 무게를 측정한다.

3) 오븐건조

오븐을 사용하여 시료의 수분함량을 측정한다. 시료의 무게를 측정하고 오븐에서 항량이 유지될 때까지 건조하여 초기와 마지막의 무게 차이를 본래의 무게로 나누고 100을 곱하면 수분함량의 백분율을 구할 수 있다 그림 2-4.

그림 2-4 오븐건조기

5. 텍스처

1) 피네트로미터

일정한 무게를 가진 기계의 바늘 끝이 일정 시간에 어느 정도의 깊이까지 시료를 뚫고 들어갔는지를 측정하는 기기로 피네트로미터(penetrometer)라는 것이 있다.

침입도는 바늘이 수직으로 뚫고 들어간 길이로 표시하며 그 단위는 0.1mm를 1°라고 한다. 그 수치가 큰 것은 연한 것이고, 작은 것은 단단한 것을 나타낸다. 식품의 침입도를 측정하는 경우, 추 무게와 침의 형태 및 길이 등이 적당한 것을 선택해야 하고, 침이 시료를 뚫고 들어가는 시간을 적당하게 정한다(5~10초). 침입도는 시료의 연한 정도뿐만 아니라 점성과 탄성 등과도 관계가 있기 때문에 측정 온도를 일정하게 유지해야 한다. 타이머가 부착된 개량형 침입도계도 있다.

2) 파리노그래프와 익스텐소그래프

(1) 파리노그래프

파리노그래프(farinograph)는 밀가루 반죽의 글루텐 생성을 측정하는 것이다. 측정방법은 30℃에서 50g 또는 300g용 믹싱볼을 사용하여 굳기가 500B.U.(Brabender Unit)에 도달하도록 물을 가하고 측정치를 시간 또는 B.U.로 표시한다.

그림 2-5의 B는 물을 흡수하는 초기 단계로서 곡선의 윗부분이 500B.U.에 도달하는 시간을 도착시간이라 한다. A는 반죽형성시간이다. B는 밀가루가 물을 흡수하는 속도를

나타내는 것으로 동일한 품종의 밀인 경우 단백질 함량이 증가하면 B도 증가한다. 안정도는 밀가루의 반죽에 대한 저항성을 가리키는 지표로, 안정도가 큰 것은 강력분에, 낮은 것은 박력분에 속한다. 또 B+C가 긴 밀가루일수록 강력분에 속한다.

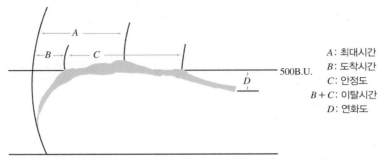

A: 최대시간
B: 도착시간
C: 안정도
B+C: 이탈시간
D: 연화도

그림 2-5 **밀가루의 파리노그래프**

(2) 익스텐소그래프

익스텐소그래프는 파리노그래프의 결과를 보완하는 것으로 반죽의 신장도 및 저항도를 측정하는 것이다. 저항도는 5분 후 곡선 높이로 표시하며, 신장도는 시작점에서 끝까지의 거리로, cm로 나타낸다그림 2-6.

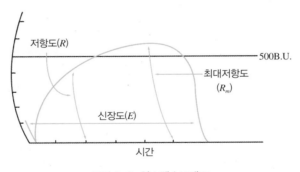

그림 2-6 **익스텐소그래프**

3) 텍스처측정기

인스트론 만능시험기(Universal Testing Machine)는 식품의 텍스처를 측정할 수 있는 실험기기이다.

텍스처측정기는 레코드에 연결되어 있어 식품을 관통하면서 나타나는 곡선의 면적

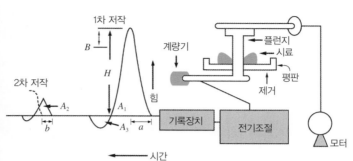

- 경도 : 첫 번째 peak의 높이(H)
- 응집성 : 두번째 peak의 면적/첫 번째 peak의 면적(A_2/A_1)
- 탄성 : 첫 번째 그래프의 시작점에서 피크까지의 시간/두 번째 그래프의 시작점에서
  피크까지의 시간(b/a)
- 부착성 : 기준선 아래에 생긴 peak의 면적(A_3)
- 부서짐성 : 첫 번째 peak의 굴곡의 높이(B)
- 검성 : 경도×응집성×100
- 씹힘성 : 경도×응집성×탄성×100

그림 2-7 텍스처측정기   그림 2-8 텍스처특성

과 높이를 통해 식품의 여러 가지 텍스처특성을 계산할 수 있다<mark>그림 2-7</mark>. 경도(hardness), 응집성(cohesiveness), 탄성(springiness), 부착성(adhesiveness), 부서짐성(fracturability), 검성 (gumminess), 씹힘성(chewiness) 등 7가지 텍스처특성을 제공하며<mark>그림 2-8</mark>, 식품산업에서 품 질관리에 중요한 기기이다.

6. 리올리지

리올리지(rheology)는 물질의 흐름이나 흐름으로 나타나는 변형에 대한 연구분야이다. 유 체는 뉴턴유체(Newtonian fluid)와 비뉴턴(non-Newtonian fluid)유체로 나뉜다. 뉴턴유체는 전단율에 의존적인 점성을 가지며 물, 설탕시럽과 포도주가 이에 속한다. 뉴턴유체의 점성 은 각기 다른 속도로 회전하는 회전 점도측정기로 측정해도 같다는 것을 의미한다.

유화액과 토마토 페이스트 같은 유체는 전단력이 주어지면 흐름성이 달라진다. 마요네즈와 케첩은 전단이 증가할수록 묽어지고, 전단이 멈추면 본래의 점성으로 천천히 돌아가는 유체의 예이다. 전단은 초콜릿을 코팅할 때 초콜릿이 충분히 부드럽게 퍼질 수 있도록 하지만 전단작용을 멈춘 후에 빨리 굳게 될 것이다. 이러한 유체를 시간의존적(thixotropic) 유체라고 한다.

뉴턴유체와 비뉴턴유체

1. 뉴턴유체: 전단력에 영향을 받지 않는 점도를 갖는 유체로 물과 설탕시럽, 동동주 등이 있다.
2. 비뉴턴유체: 전단력에 영향을 받는 유체로 유화액, 초콜릿, 토마토케첩 등이 있다.

1) 아밀로그래프

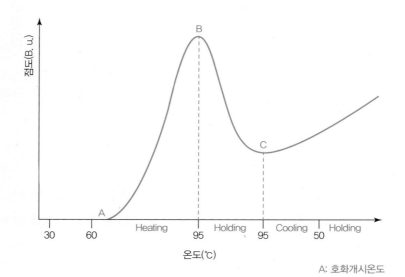

A: 호화개시온도
B: 최대점도와 온도
C: 최저점도

그림 2-9 **아밀로그래프**

브라벤더 아밀로그래프(amylograph)는 조절된 온도조건에서 전분 호화액의 점성을 측정하는 데 사용된다 **그림 2-9**.

용기에 전분과 물을 넣고 계속 저으면서 일정한 속도에서 온도를 높여 가면 호화에 따른 점도의 변화가 자동적으로 기록된다. 이 아밀로그래프로부터 전분의 호화개시온도, 최대점도와 최저점도 및 냉각 시 점도의 변화 등을 알 수 있다.

2) 점도계

점도계(viscometers)는 기능이 브라벤더 아밀로그래프와 유사하며 액성을 가진 다양한 식품의 점성을 측정한다. 점도계로 점도를 측정하는 원리는 모세관 작용과 회전력에 기초를 둔다.

(1) 모세관점도계

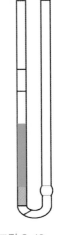

모세관점도계(ostwald viscometer)는 그림 2-10과 같은 구조로서, 일정한 용량의 액체가 모세관을 흐를 때 걸리는 시간은 액체의 점성계수에 비례한다는 원리에 의해 표준액(증류수와 글리세린 등)과 비교하여 상대 점도로 점성계수를 구하는 것이다. 식용유 등의 점도 측정에 흔히 쓰인다.

U자관 모양의 관 한쪽에 시료를 넣어 반대편의 모세관으로 흘러 들어가게 해서 위의 눈금과 아래의 눈금 사이를 지나는 데 소요되는 시간을 측정한다.

그림 2-10
모세관점도계

(2) 회전점도계

회전점도계(rotation viscometer)에는 고점도용, 중점도용, 저점도용 등이 있다. 비교적 간단하게 점도를 읽을 수 있고 소형이며 고정하지 않아도 수평으로 유지하면 점도를 읽을 수 있어 편리하다.

7. pH

1) pH 미터

식품의 pH 측정은 산도나 알칼리도를 결정하는 데 필수적이다. 대개 실험실에서는 간편한 pH 미터를 사용한다그림 2-11. pH 미터는 반드시 표준용액으로 pH를 보정한 후 사용해야 오차를 줄일 수 있다.

대부분의 식품은 pH 7이나 그 이하이고 산성이 강해질수록 수치가 낮아진다. 식소다와 난백은 알칼리성 식품으로 pH가 높다. 식품의 pH는 형태뿐만 아니라 신선도, 환경적인 조건(온도, 수분함량과 주위 공기나 가스)에 따라 변하고 식품의 성분 또한 pH에 영향을 준다. 이런 이유로 식품의 pH 측정은 식품연구에 중요한 정보를 제공한다.

그림 2-11 **pH 미터**

---

pH

수소이온의 몰농도의 역수에 대한 상용대수이다. 25℃의 순수한 물에서는 1천만분의 1(1×10^{-7})의 분자가 H^+와 OH^-로 해리되어 pH가 7이 되며 중성을 나타낸다(OH^- 농도도 같다).

이것보다 H^+의 해리가 많아지면 pH는 7보다 작아져서 산성을 나타낸다. 또한 H^+이 작아지면 pH 7보다 커져서 알칼리성을 나타낸다.

pH = -log (H^+) 따라서 수소이온의 농도가 10^{-2}(= 0.01)이면 pH는 2
수소이온의 농도가 10^{-5}(= 0.00001)이면 pH는 5이다.

---

2) pH 시험지

pH 시험지는 정밀도가 낮으나(오차범위는 대체로 0.2~0.5pH 정도) pH의 대략치를 간단히 측정하기에 편리하다. pH 시험지는 적당한 지시약을 여과지에 침투시켜 건조하여 만든 것으로, pH 시험지에 검사액을 담갔을 때의 변색도를 표준 변색표와 비교하여 pH를 판정하는 것이다.

이때 지시약은 색변화에 예민한 것을 사용한다. 변색하는 pH의 범위는 티몰블루(thymol blue)가 1.4~3.0, 8.0~9.6, 메틸레드(methyl red)는 5.4~7.0, 크레졸레드(cresol red)는 7.2~8.8이며, 이처럼 각각의 범위가 지시약에 따라 달라지기 때문에 적당한 변색 범위를 조합한 시험지의 set(1set에 7개, 10개)가 표준변색표와 함께 시판되고 있다.

8. 당도와 염도

1) 굴절계

굴절계는 빛에 대한 물질의 굴절률을 측정하는 기계로, 이미 굴절률을 알고 있는 물질과 조사하려는 물질을 붙여 놓고 그 경계면으로 빛을 조사하였을 때 전반사되는 때의 입사각을 이용해 굴절률을 구한다.

굴절계는 당 용액의 농도를 측정하며 빛이 용액을 통과하면서 굴절되는 원리를 이용한 것으로 서당의 % 농도를 brix로 나타낸다. 그림 2-12는 실험실에서나 농장의 수확현장에서 가장 많이 사용하는 휴대용 굴절당도계로서 과즙, 잼, 젤리, 기타 당액 농도를 측정하는 기구이다.

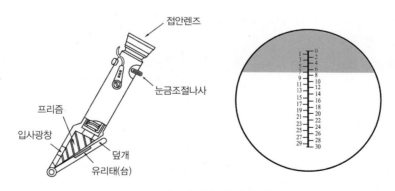

그림 2-12 **휴대용 굴절당도계**

당의 농도를 측정하는 단위로 100g의 용매에 1g의 포도당이 있는 경우를 1브릭스(brix)라고 한다. 즉, 브릭스 수치가 높을수록 더 달다.

2) 염도계

염도계(flame photometer)는 식품에 함유된 나트륨양과 마그네슘, 칼슘, 암모늄, 리튬을 분석하는 데 사용한다.

9. 색

색차계(color difference meter)는 색을 측정한 후 이것을 숫자로 표시하여 시료 간의 색의 차이를 측정하는 기기이다. CIE 색도표를 이용하여 색의 x, y의 좌표를 읽는 방법과 삼차원의 색입체로 색상, 명도, 채도로 표시되는 먼셀 색체계가 있다. 최근에는 먼셀 색체계와 비슷한 헌터 색체계를 많이 이용한다. 보통 색을 표시하는 경우 색입체에 의해 명도, 채도, 색상으로 색의 위치를 결정한다.

색차계에서 사용하는 척도는 L, a, b로 L은 명도(흰색과 검은색의 정도), a는 적색과 녹

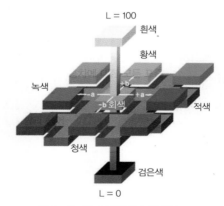

그림 2-13 **헌터 색체계의 입체구조**

색의 정도, b는 황색과 청색의 정도를 나타낸다 그림 2-13. 다음 표 2-1은 밀가루 대신에 쌀가루를 첨가하여 스펀지 케이크 제조 시 표면과 내부의 색 변화를 헌터 색체계로 실험한 실험차를 예시로 나타낸 것이다.

표 2-1 쌀가루 첨가량에 따른 스펀지 케이크의 색 변화

color values		rice flour substitution level(%)				
		0	10	20	30	40
crust color	L*	42.82^a	43.02^a	41.24^a	39.53^b	39.31^b
	a**	$+12.42^b$	$+12.53^b$	$+13.47^a$	$+13.63^a$	$+13.91^a$
	b***	$+27.42^b$	$+29.61^b$	$+29.77^b$	$+31.35^a$	$+31.47^a$
crumb color	L	80.16^a	80.06^a	79.06^a	78.98^{bc}	77.43^c
	a	-4.37^a	-4.39^a	-4.42^{ab}	-4.51^{ab}	-4.76^c
	b	$+27.87^c$	$+29.48^b$	$+29.85^b$	$+30.41^a$	$+30.67^a$

[a-c] different superscripts within a row indicate significantly different at 5% level
* lightness ; ** redness(+) or greeness(−) ; *** yellowness(+) or blueness(−)
자료: 주정은, 남현화, 이경애(2006). 한국식품조리과학회지, 22-6.

10. 향미

향미분석에 대한 연구는 매우 활발한 분야로 어떤 식품의 총체적인 향미를 주는 성분인 휘발성과 비휘발성 물질을 확인하는 데 주로 가스 크로마토그래피(GC)와 고속액체 크로마토그래피(HPLC)를 이용한다. 이 기기는 시료의 냄새와 향미특성을 구성하는 식품 화합물의 복잡한 혼합물을 분리하기 위해 사용하며 분리되는 많은 화합물은 바로 수집되어 확인된다. 이들 화합물의 동정은 질량광도계와 적외선 분광광도계로 확인 가능하며, 이 결과로 실험실에서 향미를 합성하여 산업적으로 이용하도록 자연적인 향미를 정확하게 복제할 수 있다.

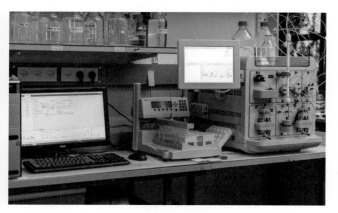

그림 2-14 가스 크로마토그래피 그림 2-15 고속액체 크로마토그래피

11. 미세구조와 모양

식품의 미세구조와 모양을 관찰하기 위해 현미경을 사용한다. 현미경(microscope)의 종류
에는 광학 현미경, 자외선 현미경, 위상차 현미경, 전자 현미경 등이 있다. 조리실험에서 현
미경은 전분, 빵, 마요네즈나 각종 샐러드드레싱, 잣죽 등의 유화된 상태, 즉 지방구의 크
기와 밀도 등을 관찰할 때 쓰인다.

CHAPTER 3
식품의 품질요소

식품의 품질요소

식품의 품질요소에는 규격적 요소, 영양 및 위생적 요소, 감각적 요소가 있고 이들 품질요소 간에는 밀접한 관계가 있다. 사람들은 식품의 규격적 요소와 영양 및 위생적 요소를 고려한 다고 생각하지만 실제로는 감각적 요소가 식품선택을 크게 좌우한다. 감각적 요소는 소비자 식품선택의 핵심이다.

1. 규격적 요소

규격적 요소는 식품 생산자 및 소비자에게 직간접적으로 관련되는 식품품질평가의 기본적 요소인 고형분 함량, 무게, 부피, 수량 등 실험적으로 측정하거나 목측하여 알아볼 수 있는 품질요소이며 포장식품의 품질결정에서 매우 중요하다.

2. 영양 및 위생적 요소

영양 및 위생적 요소는 경험이나 교육을 통해 알 수 있는 품질요소이다. 이 요소는 영양소의 조성 및 함량, 영양소의 질과 효율, 영양저해물질의 존재 유무, 이물질 및 독성물질의 혼입, 첨가물 사용, 유해 미생물의 유무 등과 같이 외관으로 측정할 수 없는 내면적 요소이다.

식품의 일차적 기능은 영양소 공급으로 영양적 요소는 식품선택에서 매우 중요하며 위생적 요소는 건강한 식생활을 통한 건강 유지에 필수적 요소이다.

3. 감각적 요소

식품을 먹을 때 "맛있다." 또는 "맛없다."라고 하는 것은 단지 혀에서 느끼는 감각, 즉 맛으로만 평가하는 것이 아니고 시각, 미각, 후각, 촉각, 청각 등 오감을 통해 감지되는 종합적 느낌을 표현한 것이다.

식품의 감각적 요소란 오감을 통해 감지되는 품질요소로, 섭취할 때의 즐거움과 밀접한 관계가 있으며 소비자의 식품선택 및 섭취에 가장 큰 영향을 주는 가장 중요한 요소이다. 감각적 요소는 일반적으로 겉모양(appearance), 향미(flavor), 텍스처(texture) 등으로 나누어진다 그림 3-1.

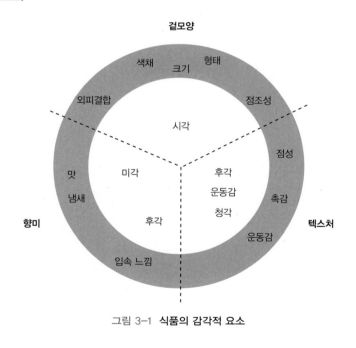

그림 3-1 **식품의 감각적 요소**

1) 겉모양

겉모양은 식품 섭취 전에 품질을 평가하는 중요한 특성이며 시각으로 감지된다. 겉모양의 중요한 특성은 색이다. 우리는 식품의 색으로 신선도, 익은 정도 등을 판단하고 특정 향미를 기대한다. 즉, 붉은색에서는 딸기향을, 황금갈색을 띠는 빵껍질에서는 잘 구워진 빵을 연상한다.

식품의 표면특성과 내부특성 역시 겉모양에서 중요한 부분을 차지한다. 표면이 깨끗한 알찜은 표면이 주름진 알찜에 비해 기호도가 높으며, 표면이나 스푼으로 떴을 때 기공이 많은 것은 부드럽지 못하다고 평가된다. 이 외에도 식품의 광택, 형태, 모양, 조밀감 등도 겉모양의 중요한 특성이다.

(1) 겉모양의 감지

눈에는 카메라의 렌즈 역할을 하는 수정체와 필름 역할을 하는 망막이 있다. 빛에너지가 망막에 닿을 때 생성된 자극은 시신경을 통해 뇌에 전달되어 우리가 겉모양을 볼 수 있게 한다. 망막에는 막대기 모양의 간상세포와 원추 모양의 원추세포가 있다. 간상세포는 주로 어두운 곳에서 명암을 구별하는 기능을 하고, 원추세포는 밝은 곳에서 색을 구별하는 기능을 한다. 원추세포는 색을 구별하기 위해 간상세포보다 더 강한 빛을 필요로 하기 때문에 달빛보다 밝은 빛이 존재할 때에만 물체를 감지할 수 있다.

(2) 식품의 색

식품의 색은 식품이 가시광선인 380~770nm의 복사에너지에 접촉했을 때 일어나는 반사와 흡수 정도에 의해 결정된다. 그림 3-2는 빛의 파장에 따른 색을 나타내고 있다.

색은 명도(lightness, value), 색상(hue), 색도(chroma) 등 3요소로 구성된다. 명도는 파장과 관계없이 반사 정도를 나타낸 것으로 전 파장의 빛을 모두 반사하면 백색, 전 파장의 50% 정도를 반사하면 회색, 전 파장을 모두 흡수하면 검은색을 띤다. 색상은 특정 파장의 복사에너지를 다른 파장에 비해 많이 반사할 때 감지되는 색을 말하며, 600~700nm의 파장이 반사되면 붉은색으로 보인다. 색도는 전체 반사광 중에서 특정 파장의 빛이 반사되는 정도이며 순도(purity) 또는 채도(saturation)라고도 한다.

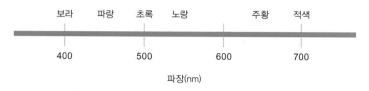

그림 3-2 **가시광선의 스펙트럼**

매우 많은 색의 종류를 체계적으로 분류해 놓은 색체계를 이용하여 색을 분류하고 표시한다. 널리 이용되는 색체계에는 CIE 색체계(XYZ 색체계), 먼셀 색체계, 헌터 색체계 등이 있다.

① CIE 색체계

CIE 색체계는 빨강, 초록, 파랑의 삼원색을 적당히 배합하면 모든 색을 나타낼 수 있다는 것에 기초한다. 빨강, 초록, 파랑의 원색은 각각 X, Y, Z로 표시된다. 그림 3-3은 x에 대한 y의 그림을 나타낸 CIE 색도도표이다. 특정 색의 삼원색 상대적인 양(x, y, z)은 그 색의 삼자극치라고 한다. 각 삼원색의 양이 같은 점은 흰색이며 빨간색은 x = 1, y = 0, 초록색은 x = 0, y = 1, 파란색은 x = 0, y = 0이다.

국제조명위원회(CIE)가 만든 이 색체계는 분광광도계를 이용하여 분광의 투과도나 반

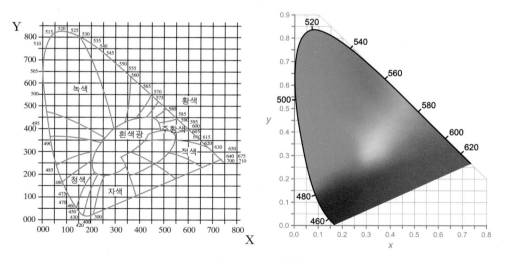

그림 3-3 **CIE 색체계**

사도를 측정하고 그 값에 표준 눈의 값을 곱함으로써 삼자극치를 얻는다. 측정과 계산이 복잡하여 식품의 일반적인 색 검사방법으로 적합하지 않다.

② 먼셀 색체계

먼셀 색체계에서 모든 색은 명도(Value), 색상(Hue), 색도(Chroma)로 구성되며 3차원의 색 입체로 되어 있다 **그림 3-4**. 색상(H)은 원주에 분포하고, 각 색상은 1에서 10까지 10등분되 며 중심 눈금은 5에 위치한다. 색상은 5개의 기본색과 5개의 중간색 등 10개 색으로 구성 된다. 기본색은 빨강(R), 노랑(Y), 초록(G), 파랑(B), 보라(P)이고 중간색은 YR, GY, BG, PB, RP이다. 명도(V)는 원판의 중심을 통과하는 수직선으로 나타내며 하단의 0(검은색)에 서 상단의 10(흰색)으로 구분하여 회색정도가 변화한다. 색도(C)는 순도 측정법으로 원판 중앙에 위치한 회색점을 0으로 시작하며 중심에서 밖으로 갈수록 각 색상의 색도가 증가 하여 10은 가장 선명한 색도를 나타낸다.

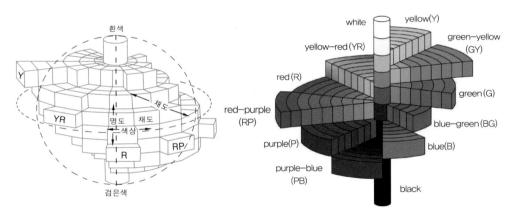

그림 3-4 **먼셀 색체계**

③ 헌터 색체계

헌터 색체계는 CIE 색체계와 먼셀 색체계의 단점을 보완한 것으로 색을 L(lightness)값, a(red-to-green)값, b(yellow-to-blue)값으로 표시한다 **그림 3-5**. L값은 명도를 나타내며 0(검은색)에서 100(흰색) 사이의 수치로 표시한다. a값에서 +값은 적색도를, -값은 녹색도를 나타내고, b값에서 +값은 황색도를, -값은 청색도를 나타낸다. 적색이 진해질수록 0에서 100으로 값이 커지고 녹색이 진해질수록 0에서 -80으로 감소하며, 황색이 진해질수록 0에서 70으로 값이 커지고 청색도가 커질수록 0에서 -70으로 낮아진다.

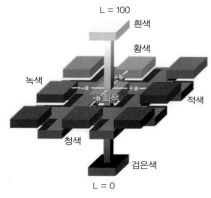

그림 3-5 **헌터 색체계**

2) 향미

식품의 맛은 냄새 또는 향미, 풍미라고 부른다. 향미는 색이나 텍스처와 함께 식품의 감각적 특성의 구성요소로 식품의 기호성, 질적 가치와 밀접한 관계가 있다. 향미 감지는 미뢰와 후각 수용체의 혼합작용에 의한 것으로 코가 막히면 향미를 제대로 인식할 수 없다.

(1) 맛

① 맛의 감지

맛은 혀 표면의 작은 돌기인 유두(papilla)에 있는 미각수용체에 의해 감지된다. 유두는 모양에 따라 윤상유두(유곽유두, 성곽유두, circumvallate papilla), 엽상유두(잎새유두, foliate papilla), 사상유두(실유두, filiform papilla), 버섯상유두(용상유두, fungiform papilla) 등 네 가지로 나뉜다.

윤상유두는 혀 뒤쪽에 V자 모양으로, 버섯상유두는 혀끝과 양쪽 옆면에 표고버섯 모양으로 분포하며 이들 유두의 밑부분에는 미뢰가 분포한다그림 3-6. 혀 앞쪽의 사상유두

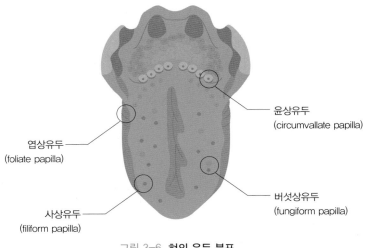

윤상유두
(circumvallate papilla)

엽상유두
(foliate papilla)

버섯상유두
(fungiform papilla)

사상유두
(filiform papilla)

그림 3-6 **혀의 유두 분포**

는 실처럼 길쭉한 모양을 하고 있으며 미뢰가 존재하지 않으나 촉각신경의 말단이 분포하고 있어 촉감에 민감하다.

유두의 밑부분에는 여러 개의 미뢰(맛봉오리, taste bud)가 분포하는데 미뢰 속에는 미각세포(맛세포)가 존재하며 미각세포의 위쪽 끝에는 미세융모가 있다. 미세융모에는 여러 가지 맛을 인식하는 미각수용체가 분포하며 각 미각수용체는 한 가지 종류의 맛을 인식한다. 하나의 미뢰 내에서 어떤 미각수용체는 단맛을 인식하고, 다른 미각세포들은 쓴맛, 신맛, 짠맛, 감칠맛에 대한 수용체를 가지고 각각의 맛을 인식한다.

식품의 맛을 감지하는 미뢰는 대부분 혀에 존재한다. 어린이는 혀뿐 아니라 경구개, 연구개, 뺨에도 미뢰가 있어 어른에 비해 맛에 예민하다. 정상적인 성인의 경우 약 1만 개 정도의 미뢰가 있지만 나이가 들면 미뢰가 위축되고 미뢰의 수가 감소하는 경향을 보이기 때문에 맛에 대한 예민도가 떨어진다.

미뢰는 양파 모양을 하며 위쪽에는 섬모가, 아래쪽에는 미각신경이 연결되어 있다**그림 3-7**. 맛을 내는 물질은 섬모가 모여 있는 미공의 타액에 녹아 섬모에 닿으면 미각세포의 수용체와 결합하여 화학적 자극을 일으키고 이 자극이 미뢰의 내부에 분포된 미각신경에 의해 뇌로 전달되어 맛을 느끼게 된다. 하나의 미뢰에는 5~18개의 미각세포가 존재한다.

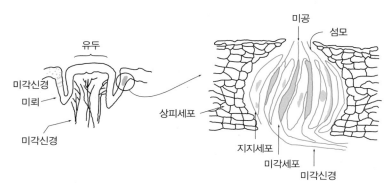

그림 3-7 미뢰의 구조

② 기본 맛

미뢰는 기본 맛인 단맛(sweet taste), 짠맛(salty taste), 신맛(sour taste), 쓴맛(bitter taste), 감칠맛(savory/umami taste)을 감지할 수 있으며 대부분의 식품은 복합적인 맛을 낸다.

㉠ 단맛

단맛은 당류, 알코올류, 아민류, 알데히드류에서 느낀다. 단맛을 내는 물질은 분자 내에 -OH기를 가지고 있으며 -OH기의 수와 위치에 따라 단맛의 세기가 달라진다. 포도당은 α형이 β형보다 1.5배 정도 더 달고 과당은 β형이 α형보다 3배 정도 강한 단맛을 낸다. 가장 순수한 단맛을 내는 물질은 설탕이고 단맛을 내는 물질의 감미도는 각기 다르며 단맛의 세기는 설탕의 단맛을 기준으로 한 상대적 감미도로 나타낸다 표 3-1.

표 3-1 감미료의 상대적 감미도

감미료	상대적 감미도	감미료	상대적 감미도
설탕	1.0	자일로오스	0.59
과당	1.3	자일리톨	1.01
포도당	0.65	사카린	200~300
갈락토오스	0.4~0.6	아스파탐	100~200
전화당	0.85~1.0	스테비오사이드	300
맥아당	0.3~0.5	아세설페임 K	130~200

ⓛ 짠맛

짠맛은 중성염의 이온화에 의해 형성되는 음이온에 의한 맛으로 음이온의 짠맛 세기는 $SO_4^{2-} > Cl^- > Br^- > I^- > HCO_3^- > NO_3^-$의 순이다. 가장 순수한 짠맛을 내는 물질은 NaCl 이다. KCl, NH₄Cl, CaCl₂, MgCl₂ 등도 짠맛을 내지만 각 염을 구성하는 양이온에 의해 쓴맛 또는 떫은맛을 함께 낸다.

ⓒ 신맛

신맛은 용액 중의 해리된 수소이온(H^+)과 해리되지 않은 산의 염에 기인하므로 신맛의 강도는 수소이온 농도와 반드시 일치하지 않으며 총산도에 의존한다. 같은 몰수에서는 강산의 신맛이 더 강하게 느껴지지만 같은 수소이온 농도에서는 약산의 신맛이 더 강 하다.

ⓔ 쓴맛

쓴맛은 기본 맛 중에서 가장 예민하게 느끼는 맛으로 다른 맛에 비해 매우 낮은 농도 에서 느낄 수 있다. 쓴맛을 내는 물질에는 알칼로이드, 배당체, 무기염류, 케톤류 등이 있다. 알칼로이드는 식물체에 존재하는 염기성 질소화합물로 퀴닌, 카페인, 니코틴 등 이 있다. 배당체는 과일과 채소의 쓴맛을 내는 물질로 감귤류의 나린진, 오이의 큐커비 타신 등이 대표적이다. 무기염류로는 K^+, Ca^{2+}, Mg^{2+} 등이 있으며 케톤류에 속하는 대표 적 쓴맛 성분에는 호프의 휴뮬론(humulone), 루풀론(lupulone) 등이 있다.

ⓜ 감칠맛

감칠맛은 아미노산과 그 유도체, 펩티드, 모노뉴클레오티드, 유기산 등이 내는 맛으로, MSG(monosodium glutamate), 5′-GMP(5′-inosine monophosphate) 등이 대표적인 감칠맛 성분이다. MSG는 다시마를 열수추출하여 얻는 성분이다. 아미노산류의 감칠맛 성분으 로는 MSG 외에 글리신, 베타인 등이 있다. 핵산계 조미료로 사용되는 모노뉴클레오티 드는 염기, 당, 인산의 세 가지 성분으로 이루어져 있으며 감칠맛 성분으로는 5′-GMP, 5′-IMP(5′-inosine monophosphate), 5′-XMP(5′-xanthin monophosphate) 등이 있다. 감칠 맛의 강도는 5′-GMP > 5′-IMP > 5′-XMP 순이다.

③ 맛 성분의 상호작용

맛이 다른 물질을 혼합하면 특정 맛이 강해지거나 약해지는데, 맛 성분을 혼합했을 때 일어나는 맛의 변화는 상승효과, 대비효과, 억제효과(상쇄효과) 등이 있다.

ㄱ 상승효과

같은 맛을 내는 두 물질을 혼합했을 때 맛이 강해지는 것으로 설탕과 사카린을 혼합했을 때 매우 강한 단맛을 내는 것이 대표적 예이다.

ㄴ 대비효과

다른 맛을 내는 두 물질을 혼합했을 때 주된 맛이 강해지는 것을 말한다. 단팥죽, 케이크 등을 만들 때 설탕에 소량의 소금을 넣어주면 주된 맛인 단맛이 강해지는데 이는 대비효과의 한 예이다.

ㄷ 억제효과

다른 맛을 내는 두 물질을 혼합했을 때 주된 맛이 약해지는 것으로 식초에 소량의 설탕을 넣어주면 신맛이 약해지는 현상을 예로 들 수 있다.

④ 맛의 감지와 온도

맛을 잘 느끼는 온도는 맛의 종류에 따라 다르다. 설탕은 35~50℃에서 단맛을 가장 잘 느낀다. 짠맛은 18~35℃에서, 쓴맛은 10℃에서 가장 잘 느껴진다. 짠맛과 쓴맛은 온도가 높아지면 약하게 느껴진다.

⑤ 맛의 역가

맛을 인식할 수 있는 최저농도를 절대역가(absolute threshold)라고 하며 맛의 특성을 인식할 수 있는 자극의 크기를 인식역가(recognition threshold)라고 한다. 일반적으로 맛의 역가는 쓴맛이 가장 낮고 단맛이 가장 높다. 맛에 대한 역가는 연령이나 개개인의 건강, 심리상태, 피로 정도 등에 따라 다르고 맛을 내는 물질의 온도와 존재 상태 등의 영향을 받는다.

⑥ 미맹

대부분의 사람이 느끼는 맛을 전혀 느끼지 못하거나 다른 맛으로 느끼는 경우가 있다. 페

닐티오카바마이드(phenylthiocarbamide)는 대부분의 사람은 쓴맛을 느끼지만 일부 사람은 아무런 맛도 느끼지 못하거나 다른 맛으로 느끼는데, 이를 미맹(taste blindness)이라 한다. 미맹인 사람들은 다른 맛 성분은 정상적으로 인식하므로 일상생활에는 영향을 주지 않는다. 미맹은 백인이 30% 정도로 많은 편이며 황색인 15%, 흑인 3% 정도이다. 미맹은 유전되고 있으나 정확한 원인은 밝혀져 있지 않다.

(2) 냄새

숨을 들이마시면 냄새나는 물질이 코 안쪽에 위치한 후각세포를 자극하여 냄새를 맡게 된다. 사람은 100만~200만개 정도의 후각세포를 가지고 있다. 후각세포는 코 위쪽의 후각 상피에 존재하며 이 부분은 노란색 점액으로 덮여 있다. 후각세포의 한쪽 끝에는 섬모가, 반대쪽에는 후각신경이 연결되어 있어 점액에 녹은 물질이 섬모에 닿아 후각세포를 자극하면 이 자극이 후각신경을 통해 뇌에 전달되어 냄새를 느끼게 된다**그림 3-8**. 음식을 먹을 때 냄새를 느끼는 것은 냄새성분이 연결통로를 통해 입에서 코로 이동하기 때문이다. 물질이 냄새를 내기 위해서는 휘발성이 강하고 지용성이어야 하는데 사람은 약 1,600만 종의 냄새를 구별할 수 있다고 한다.

후각은 매우 예민하지만 다른 감각기관에 비해 쉽게 피로를 느낀다. 냄새나는 곳에 오래 머무르면 냄새의 강도가 점점 약해져 결국 냄새를 느낄 수 없게 되는데 이러한 현상을 '후각의 둔화'라고 한다. 후각은 보통 1~10분 내에 둔화와 회복현상이 일어난다.

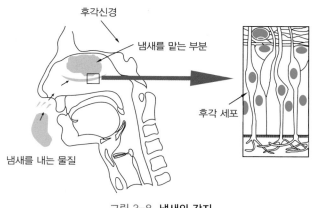

그림 3-8 **냄새의 감지**

3) 텍스처

식품의 텍스처는 혀에 닿을 때, 씹을 때, 삼킬 때 느껴지는 감각인 입속 느낌 그리고 숟가락이나 손으로 눌러볼 때 느끼는 특성으로 촉각, 청각 등이 관여한다. 식품의 텍스처는 유체식품 및 반유체식품의 흐르는 성질과 고체식품 및 반고체식품의 변형 성질을 포함하는 감각적 특성으로, 국제표준기구에서는 텍스처를 "기계적 촉각 그리고 시각과 청각에 의해 느낄 수 있는 식품의 모든 물성학적 특성 및 구조특성"으로 정의하고 있다.

텍스처특성은 기계적 특성, 기하학적 특성, 화학적 특성 등으로 나누어진다.

(1) 기계적 특성

기계적 특성은 스트레스에 대한 식품의 반응으로 표준평가 척도에 의해 정량적으로 표시할 수 있다. 예를 들어 표준경도(hardness scale)는 크림치즈와 같은 낮은 경도에서 시작하여 단단한 캔디와 같은 높은 경도의 식품까지 9가지 식품으로 식품의 경도를 분류하고 있다
표 3-2.

표 3-2 표준경도척도

패널 평가 (panel rating)	제 품	상표/형태
1	크림치즈	필라델피아(Philadelphia)
2	난백	단단하게 조리된(5분)
3	프랑크푸르터(frankfurters)	큰 것, 조리되지 않은 것(skinless)
4	치즈	옐로 아메리칸(yellow American), 저온살균된 (pasteurized), 가공된(processed)
5	올리브	거대한 크기(exquisite giant-size), 채워진(stuffed)
6	땅콩	진공통조림포장(칵테일 타입: 플랜터즈 피넛)
7	당근	익히지 않은: 신선한
8	땅콩을 넣은 바삭거리는 당과(피넛 브리틀, peanut brittle)	캔디: 일부분(part)
9	딱딱한 사탕(얼음사탕, rock candy)	–

또한 기계적 특성은 일차적 특성과 이차적 특성으로 나누어진다 표 3-3.

표 3-3 식품의 텍스처를 구성하는 특성과 용어

일차 특성	이차 특성	일반용어
경도		부드러운 → 단단한 → 딱딱한
응집성		−
	부서짐성	바슬바슬한 → 바삭바삭한 → 부서지기 쉬운
	씹힘성	연한 → 질긴
	검성	푸석푸석한 → 풀 같은 → 껌 같은
점성		찰기 없는 → 끈끈한
탄성		소성 있는 → 탄력 있는
부착성		진득거리는 → 찐득찐득한 → 끈적끈적한

① **일차적 특성**

ㄱ 경도(hardness): 물질을 압축하여 일정한 변형을 일으키는 데 필요한 힘

ㄴ 응집성(cohesiveness): 식품의 형태를 유지하는 내부 결합력에 관여하는 힘

ㄷ 점성(viscosity): 흐름에 대한 저항의 크기

ㄹ 탄성(springiness): 일정 크기의 힘에 의해 변형되었다가 힘이 제거될 때 다시 복귀되는 정도

ㅁ 부착성(adhesiveness): 식품 표면이 접촉 부위에 달라붙어 있는 인력을 분리하는 데 필요한 힘

② **이차적 특성**

ㄱ 부서짐성(fracturability): 식품이 부서지는 데 필요한 힘

ㄴ 씹힘성(chewiness): 고체식품을 삼킬 수 있을 때까지 씹는 데 필요한 힘

ㄷ 검성(gumminess): 반고체식품을 삼킬 수 있을 때까지 씹는 데 필요한 힘

이차적 특성은 일차적 특성이 복합적으로 작용하여 생기는 특성이다. 부서짐성은 물질을 파쇄하는 데 필요한 힘으로 경도 및 응집성의 영향을 받으며, 씹힘성은 고체식품을 삼킬 수 있는 상태까지 씹는 데 필요한 힘으로 경도, 응집성, 탄성과 관련이 있다. 검성은 반

고체식품을 삼킬 수 있는 상태까지 씹는 데 필요한 힘으로 경도와 응집성의 영향을 받는다. 부서짐성은 경도가 높고 응집성이 낮은 식품에, 검성은 경도가 낮고 응집성이 높은 식품에 적용될 수 있다.

(2) 기하학적 특성

기하학적 특성은 식품을 구성하는 입자의 크기와 형태, 입자의 형태와 배열에 따라 나타나는 특성이다**표 3-4**. 입자의 크기와 형태에 따라 나타나는 특성에는 분말상(powdery), 과립상(grainy), 사상(gritty), 거친 모양(coarse), 덩어리진 모양(lumpy), 구슬 모양(beady) 등이 있다. 입자의 크기와 배열에 의해 감지되는 특성에는 박편상(flaky), 섬유상(fibrous), 펄프상(pulpy), 기포상(aerated), 팽화상(puffy), 결정상(crystalline) 등이 있으며 이들 특성은 식품 내의 각기 다른 기하학적 배열에 의한 구조적 특징과 관계가 있다.

표 3-4 **기하학적 특성의 정의와 식품의 예**

분 류	특 성	정 의	식 품
입자의 크기와 형태	분말상	입자가 비교적 균일하고 고움	분말설탕, 밀가루, 전분, 콩가루
	과립상	입자가 비교적 큼	쌀, 보리
	사상 (모래 모양)	거친 촉감	배의 석세포
	거친 모양	큰 입자와 작은 입자가 섞여 있음	콩떡, 셔벗(sherbet)
	덩어리진 모양	작은 입자가 모여 큰 덩어리를 만든 모양	팥죽, 백설기
	구슬 모양	입자가 구슬같이 동글동글함	연어알, 명란젓
입자의 형태와 배열	박편상	납작하고 얇은 모양	피자 반죽, 파이, 북어 박편
	섬유상	섬유질이 일정 방향으로 배열된 상태	김치, 샐러리, 닭가슴살
	펄프상	분쇄한 과일에서 보이는 실 같은 모양	과일(사과, 복숭아 등)을 간 것
	기포상	조직 내에 작은 기포가 다량 포진된 상태	아이스크림, 케이크
	팽화상	조직이 팽화된 상태	강냉이, 팝콘, 유과
	결정상	결정 모양	설탕, 소금

(3) 화학적 특성

화학적 특성은 식품의 수분함량과 지방함량의 영향을 받으며 입이나 입술로 평가하거나 손가락으로 만지거나 눌러보면 느낄 수 있다. 수분함량에 따른 특성으로는 촉촉함(moist), 건조함(dry), 질퍽함(wetty), 즙이 많음(juicy) 등이 있으며, 지방함량과 관계되는 특성에는 기름짐(oily), 느끼함(greasy) 등이 있다.

CHAPTER 4

감각검사의
설비 및 이용

감각검사의
설비 및 이용

감각검사는 사람의 다섯 가지 감각기관을 측정기기로 삼아 식품의 특성을 분석하는 과학의 한 분야로, 소비자 기호에 맞는 제품개발, 품질관리 등 다양한 목적에 이용된다. 감각검사를 효과적으로 수행하기 위해서는 전용공간과 시설 확보가 필수적이다.

1. 감각검사실의 설비

감각검사를 원활히 수행하기 위해서는 감각검사 전용공간을 확보해야 하고, 감각검사실에 적절한 시설과 환경을 갖추어야 한다. 이를 통해 패널이 감각기관을 이용하여 식품의 다양한 특성을 예민하고 정확하게 평가할 수 있다.

1) 감각검사실

감각검사실은 패널이 쉽게 접근할 수 있고 조용하며 냄새가 없는 곳이어야 한다. 감각검사실의 크기는 보통 10~50평 정도이며 검사실의 조명은 태양광선과 인공광선을 같이 사용하는 것이 좋다. 태양광선의 경우 반사광을 이용하면 더 좋다. 검사실 내부 벽은 안정된 색(회색 등)으로 도색하고 냄새가 빨리 제거되도록 환기시설을 갖춘다. 감각검사실의 기압은 주위보다 조금 낮게 유지하여 외부 냄새가 검사실로 들어오지 못하게 하고, 온도·습도조절장치로 내부를 쾌적하게 유지한다. 감각검사실에 적당한 온도는 20~25℃, 습도는

개인용 감각검사대
(시료투입구가 닫힌 모습)

개인용 감각검사대
(시료투입구가 열린 모습)

감각검사용 시료투입구

그림 4-1 **감각검사실의 개인용 감각검사대와 시료투입구**

50~60%이다.

감각검사실에는 각 패널의 평가를 방해하지 않도록 칸막이가 있는 개인용 감각검사대 (individual booth)를 설치한다 그림 4-1. 개인용 검사대는 천장과 바닥, 양옆이 막혀 있어야 하고 전면에 직접 시료를 제공받는 시료투입구가 있어야 한다. 각 검사대에는 입을 헹굴 수 있는 작은 싱크대와 수도를 설치하고, 40~60W의 백색 형광등 1~2개를 설치하여 그림자

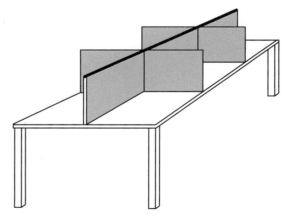

그림 4-2 **개인용 간이 감각검사대**

가 생기지 않도록 한다. 시료 간 색깔 차를 없애기 위해 적색, 황색, 청색과 같은 색전등을 사용할 수도 있다. 개인용 감각검사대의 설치가 어려운 경우에는 대형 테이블 위에 칸막이를 설치한 개인용 간이 감각검사대(simple booth)를 준비한다 그림 4-2.

2) 패널훈련실 및 토론실

패널을 훈련하거나 감각검사에 관한 의견을 교환할 수 있도록 패널토론실을 마련한다. 이곳에는 둥근 테이블을 설치하면 편리하다.

3) 준비실

준비실은 식품재료를 보관하고 검사물을 준비하는 곳으로 충분한 공간 확보가 필요하며, 효율적으로 일할 수 있도록 동선을 배치해야 한다. 준비실에는 위생적인 상하수도 시설, 오븐, 냉장고, 냉동고, 세척기, 전자레인지, 준비대 등 시료 준비에 필요한 조리기구 및 식기 보관설비를 갖춘다. 또한 환기시설, 검사실과 같은 조명을 설치한다.

준비실의 냄새는 감각검사실에 영향을 미치지 않아야 한다. 시료를 준비할 때는 발생한 냄새를 신속하게 제거하여 다음 검사에 영향을 주지 않도록 환기시설을 잘 갖춘다.

4) 자료분석실

감각검사 결과를 통계분석하고 해석하기 위한 자료분석실을 확보한다. 자료분석실에는 검사결과를 통계처리하는 컴퓨터, 프린터 등 사무용품을 배치한다. 또한 결과를 효율적으로 분석할 수 있는 통계분석 프로그램도 갖추어야 한다. 자료분석실은 감각검사실과 가까운 곳에 위치하면 좋으나 분석실의 소음이 패널의 평가를 방해하지 않도록 주의한다.

2. 감각검사의 종류

1) 종합적 차이검사

(1) 삼점검사

삼점검사(triangle test)는 단순차이검사나 일-이점검사보다 두 시료 간 차이를 예민하게 식별할 수 있어 많이 사용하는 방법이다. 이 검사는 2개의 같은 시료와 1개의 다른 시료, 총 3개의 시료를 제공하여 다른 시료 하나를 식별하게 하는 것으로 패널이 이를 우연히 맞힐 확률은 33%이다.

(2) 일-이점검사

일-이점검사(duo-trio test)는 3개의 시료 중 기준시료를 먼저 평가한 다음 2개의 시료를 제공하여 기준시료와 다른 것을 알아내게 하는 방법으로, 패널이 이를 우연히 맞힐 확률은 50%이다. 이 검사는 삼점검사가 적합하지 않을 때, 즉 검사 후 맛과 냄새가 오래 남는 시료의 검사 시 맛보는 횟수를 줄이기 위하여 사용한다.

(3) 단순차이검사

단순차이검사(simple difference test)는 삼점검사나 일-이점검사가 적합하지 않은 시료를 검사할 때 유용하다. 이 검사는 주로 자극(맛, 냄새 등)이 강하거나 복잡해서 패널이 혼동할 가능성이 있을 때 사용한다. 이 검사는 패널에게 2개의 시료를 제시하여 차이가 있는지 없는지를 식별하는 검사로, 패널이 이를 우연히 맞힐 확률은 50%이다.

2) 특성차이검사

(1) 이점비교검사

이점비교검사(paired comparison test)는 2개의 시료를 동시에 제공하여 특정 특성이 더 강한 것을 식별하게 하는 검사로, 패널이 이를 우연히 맞힐 확률은 50%이다. 이 검사는 다른 검사에 비해 시료가 적게 사용되며 간단하다.

(2) 다시료비교검사

다시료비교검사(multiple comparison test)는 기준시료와 다른 시료 간 특성 차이 정도 또는 시료 간 특성 차이 정도를 평가하는 방법이다. 기준시료와 다른 시료 간 차이를 알아보는 경우, 패널은 제시된 기준시료와 다수의 비교시료 중 먼저 기준시료를 평가한 다음 비교시료를 평가하여 특정 특성의 강도 차이를 평가한다. 이때 비교시료에는 반드시 기준시료가 포함되어 있어야 한다.

(3) 순위법

순위법(ranking test)은 3개 이상의 시료를 놓고 특정 특성이 가장 강한 것부터 차례대로 순위를 정하는 방법이다. 이 방법은 동시에 여러 시료의 평가가 가능하고 단시간에 평가할 수 있다는 장점이 있으나, 시료 간 차이가 어느 정도인지 알 수 없다는 단점이 있다. 순위법에서 패널에게 제공하는 시료 수는 대개 3~6개이며 10개를 넘지 않도록 한다.

(4) 평점법

평점법(scoring test)은 시료의 특성강도에 어느 정도 차이가 있는지를 알아보는 방법으로 척도법이라고도 한다. 이 방법은 기준시료 없이 3~7개의 시료를 제시하여 정해진 척도에 따라 평가한다.

3) 묘사분석

묘사분석은 식품의 맛, 냄새, 향, 텍스처 등 감각적 특성을 출현순서에 따라 평가하는 방법으로 다른 검사법에 비해 많은 시간이 소요되고 특성의 질적, 양적 표현을 위하여 고도의 훈련과 토론을 필요로 한다. 묘사분석은 소비자 기호도에 영향을 주는 감각적 특성이나 제품의 품질변화요인을 규명하는 데 이용된다. 묘사분석에는 향미프로필, 텍스처프로필, 정량묘사분석(QDA), 스펙트럼 묘사분석, 시간-강도 묘사분석 등이 있다.

(1) 향미프로필

식품의 맛과 냄새에 기초하여 향미가 재현될 수 있도록 묘사하는 것으로 냄새, 맛, 후미 순으로 분석하며 감지되는 향미특성의 종류와 강도, 각 특성의 출현순서, 후미의 종류와 강도, 전체적 인상 등의 평가를 포함한다.

(2) 텍스처프로필

식품의 기계적 특성, 기하학적 특성, 수분 및 지방함량에 의한 특성강도를 평가하여 제품의 텍스처특성을 재현하는 것이다.

(3) 정량묘사분석

향미, 텍스처, 색, 전체적인 맛과 냄새의 강도 등 식품에서 느껴지는 감각적 특성을 보다 정확하게 종합적으로 평가하는데, 모든 감각적 특성을 나열한 뒤 각 특성의 강도를 출현순서에 따라 반복 측정한다.

(4) 스펙트럼 묘사분석

식품에서 검사 가능한 모든 관능적 특성을 기준이 되는 절대척도와 평가하는 것으로 서로 다른 식품시료 간 특성강도의 비교가 가능하다.

(5) 시간-강도 묘사분석

식품의 맛, 냄새, 텍스처 등 몇 가지 중요한 관능적 특성강도를 시간에 따른 변화 양상으로 평가하는 방법이다.

4) 소비자검사

소비자검사는 식품에 대한 기호, 선호, 태도를 알아보기 위해 소비자를 대상으로 실시하며 검사결과에 따라 정성적 검사와 정량적 검사로 나누어진다. 정성적 검사는 식품의 개발 방향 결정, 새로운 식품에 대한 소비자의 반응 및 구매결정요인 분석, 감각적 특성을 표현하는 소비자의 용어 파악 등에 이용되고 신제품의 판매, 광고, 기호도 관련 정보도 알아낼 수 있다. 정량적 검사는 식품의 겉모양, 맛, 향, 텍스처에 대한 기호도나 선호도분석, 특정 감각특성에 대한 소비자의 반응조사 등에 이용된다.

또한 소비자검사는 검사장소에 따라 실험실검사, 중심지역검사(central location test), 가정사용검사(in-house test) 등으로 나눌 수 있다. 실험실검사는 25~50명의 회사 고용인을 대상으로 선호도 또는 기호도검사를 실시하는 것이다. 중심지역검사는 가장 많이 사용되는 소비자검사방법으로 사람들의 왕래가 많은 상가, 시장 등지에서 선호도나 기호도를 평가하기 위해 실시한다. 가정사용검사는 각 가정에서 해당 시료를 사용하며 평가하는 안정된 평가방법으로 제품개발의 마지막 단계에서 이용하는 방법이다.

3. 감각검사의 이용

감각검사는 주로 새로운 제품의 개발, 품질개선, 원가절감, 공정개선, 품질관리, 품질수명측정, 소비자 선호도검사, 시장조사 및 판매, 감각검사 패널의 선정 등에 이용된다.

1) 새로운 제품의 개발
새롭게 출시된 식품의 수명은 수개월 내지 3~4년 정도이다. 식품산업체가 경쟁에서 앞서기 위해서는 미리 기존 제품을 대체할 수 있는 새로운 제품을 개발해두었다가 식품시장에 도입해야 한다.

새로운 제품의 가장 중요한 성공요인은 식품의 품질이나 기호이다. 따라서 식품업체는 신제품의 텍스처, 맛, 냄새, 향미 등과 같은 감각적 특성을 최적화하고, 개발된 제품의 기호도가 기존 제품과 비교하여 어떤 상태에 있는지 등을 조사해야 한다. 제품개발의 진행 정도는 표준제품과 비교하여 신제품의 선호수준을 조사하여 분석한다.

2) 품질개선
식품시장에 새로 도입된 신제품은 성장기, 성숙기를 거치면서 기업의 이윤 창출에 기여하지만 쇠퇴기에 접어들며 판매량이 감소하게 된다. 이러한 제품의 수명을 연장하려면 제품의 품질을 개선하여 경쟁력 있게 만들어야 한다. 제품의 품질개선이 이루어진 후에는 기존 제품에 비해 우수한지를 감각검사를 통해 분석하며 이때 통계적 유의성 검정결과를 토대로 우수성을 평가해야 한다. 만일 감각검사 결과의 유의적인 우수성이 인정되지 않으면 품질이 개선되었다고 볼 수 없다.

3) 원가절감

식품산업체가 식품시장에서 경쟁력 우위를 확보하고 높은 이윤 창출을 하기 위해서는 원가를 절감하는 일이 중요하다. 원가절감은 값싼 원료를 사용하거나 생산성을 높이는 공정개선에 의해 가능해진다. 이렇게 생산한 제품은 적어도 기존 제품과 대등한 품질을 유지해야 한다. 기존 제품과 원가절감 제품 간 감각적 품질특성의 차이는 감각검사로 비교·분석한다. 두 제품 간 차이가 있는지를 조사한 후, 만일 차이가 있으면 기호도를 분석하고 결과를 양적으로 비교하여 원가절감에 의해 생산된 제품의 품질, 특히 기호성이 기존 제품과 동등하거나 더 좋다는 것을 확인해야 한다.

4) 공정개선

식품의 원가절감뿐 아니라 품질개선을 위해 지속적으로 제조공정을 개선한다. 원가절감이 공정개선의 목적이라면 원가절감제품은 기존 제품과 적어도 대등한 품질이 유지되어야 한다. 공정개선의 목적이 식품의 품질을 개선하기 위한 것이라면 새로운 제품의 품질이 기존 제품에 비해 더 우수해야 한다. 새로운 제품의 감각적 품질특성과 기호성은 감각검사를 통해 확인한다. 공정의 최적화를 통해 공정을 개선하는 경우에는 반응표면분석법(response surface methodology)을 이용하여 제조조건을 최적화하는데, 이때 공정조건은 독립변수로 하고 감각적 품질특성을 종속변수로 하여 분석한다.

5) 품질관리

식품은 제조과정과 유통과정에서 균일한 품질수준을 유지하도록 해야 소비자에게 늘 일정한 품질의 제품을 제공할 수 있으므로 식품의 품질관리는 매우 중요하다. 이를 위해 단계별로 채취한 시료의 품질특성을 대조군 시료와 비교하여 품질 차이가 있는지, 만일 품질 차이가 있다면 차이를 보이는 품질특성은 무엇인지 등을 감각검사방법으로 조사한다. 또한 품질관리에 필요한 품질관리규격 작성을 위해 제품의 감각적 특성과 이화학적 특성의 관계를 검토하거나 소비자선호도에 중요한 영향을 미치는 감각적 특성을 분석하는 경우 감각검사는 유용한 조사방법이다.

한편 중간 단계의 제품이나 완제품에 대한 차이식별검사 결과는 제조공정에 즉시 반영할 수 있는 장점이 있어 감각검사는 품질관리에 매우 유용한 방법이다. 또한 공급된 원료의 품질 측정에도 감각검사를 이용하면 원료의 사용 여부를 신속하게 결정할 수 있다.

6) 품질수명 측정

식품은 제조 후 저장 및 유통과정을 거치는 동안 지속적인 품질 저하가 일어나므로 소비자가 구입·소비할 때는 제조 당시와는 상당히 다른 품질을 나타낸다. 제조 직후 품질이 소비자가 받아들일 수 있는 최저 품질 수준에 도달하는 데 걸리는 시간을 품질수명(shelf-life)이라고 하는데, 이를 정확히 측정하기 위해 감각검사방법을 이용한다.

7) 소비자 선호도검사

실험실에서 개발된 제품 중 시장 도입에서 실패하는 것이 90% 이상이다. 시장 도입에는 제품개발의 수십 배에 달하는 비용이 필요하므로, 신제품을 시장에 도입하기 전 소비자 선호도를 검사하는 것은 매우 중요한 일이다. 감각검사방법은 제품개발의 표준과정 중 하나이다. 대다수 소비자를 대상으로 검사를 실시할 경우, 사람이 많이 모이는 대형 쇼핑센터나 버스터미널 등에서 소비자를 대상으로 실시하는 중심지역검사, 제품과 평가지를 가정으로 보내 일정 기간 사용하게 하면서 선호도를 조사하는 가정사용검사 등이 널리 이용된다.

8) 시장조사 및 판매

감각검사는 제품의 판매와 관련된 다양한 정보를 얻을 수 있고 제품 판매와 관련된 문제를 해결하고 그 결과를 홍보, 판촉의 수단으로 활용할 수 있는 유익한 방법이다. 시장조사나 판매과정에서 자사 제품의 판매량이 변화되는 이유를 알아보기 위해 경쟁사 제품과 자사 제품의 감각적 품질특성 차이를 조사하는 것은 감각적 특성 면에서 자사 제품이 어느 정도의 위치에 있는지 이해하는 데 도움이 된다. 이때 주로 기호도검사, 묘사분석이 이용된다. 최근에는 제품의 감각적 품질특성의 우수성을 광고를 통해 부각하기 위해 다양한 감각검사정보를 이용하고 있다.

9) 감각검사 패널의 선정

식품개발의 궁극적인 목표는 사람의 기호를 만족시키는 것이다. 5가지 감각기관을 이용한 식품의 품질평가, 특히 소비자 선호도는 신제품의 성패를 좌우하므로 식품회사의 대부분이 감각검사조직을 운영하고 있다. 감각검사를 효율적으로 수행하기 위해 패널을 잘 선정해야 한다. 패널을 선정할 때는 품질특성에 대한 차이식별능력, 기본 향미에 대한 민감도 등을 평가하여 선정한다.

CHAPTER 5
감각검사용 시료의 준비

감각검사용
시료의 준비

5 감각검사용 시료의 준비방법은 감각검사방법, 감각검사용 시료 등에 따라 달라진다. 이때 검사목적과 관련 없는 요인에 의한 오차가 발생하지 않도록 세심한 주의를 기울인다. 감각검사용 시료는 예비실험을 통해 수립한 표준화된 방법에 따라 검사의 목적에 맞게 준비하고 패널의 편견을 유도하지 않도록 균형 있게 제시한다.

1. 감각검사용 시료의 준비

1) 준비용 공간 및 설비

감각검사용 시료의 준비를 위해 재료 저장과 검사물 준비에 필요한 공간과 시설을 확보해야 한다. 냉장고, 냉동고, 오븐, 식기세척기, 보온저장고, 준비대 등과 같은 기본 설비 외에도 저울, 타이머, 계량컵과 같은 측정기구, 유리기구, 조리용 용기 및 도구 등이 필요하며 냄새를 효과적으로 제거할 수 있는 환기시설을 갖춘다.

2) 감각검사용 시료 준비 시 유의사항

(1) 용기와 기구의 재질

감각검사용 시료를 담는 용기나 기구에 냄새가 흡수되면 식품의 향미가 변하게 된다. 나무 재질의 도마, 주걱, 그릇 등은 다공질이기 때문에 냄새가 쉽게 흡수되고 오래 잔류할 뿐만 아니라 감각검사 시료에 쉽게 옮겨질 수 있다. 또한 음료 등을 플라스틱 용기에 담아 두면 냄새가 쉽게 흡수되어 다른 식품의 향미에 영향을 준다. 따라서 시료 준비용 용기와 기구는 유리, 사기, 스테인리스와 같이 식품의 맛과 향을 흡수하지 않는 것을 사용한다.

(2) 동일한 품질의 감각검사용 시료 준비

감각검사용 시료를 준비할 때에는 정확한 측정기구 및 측정방법을 사용하여 측정하고, 표준시료 제조방법을 수립하여 재현할 수 있는 일정한 품질의 시료를 준비한다. 재현성 있는, 동일한 품질의 시료 준비를 위해서는 일정량의 조리에 소요되는 시간을 미리 계산해야 하고, 식품 재료의 혼합순서, 시료배분시간, 냉동식품의 해동시간 등을 정확히 측정하여 동일한 품질의 시료가 감각검사 시간에 맞추어 준비되도록 한다. 또한 감각검사용 시료의 준비 과정에서 지나친 가열, 기구나 용기에 의한 이취, 이미에 의해 오염되지 않아야 한다.

냉동식품 해동 시 전자레인지로 오래 가열하면 많은 양의 수분이 증발하여 건조해 지거나 질겨질 수 있으므로 식품의 특성에 맞는 가열방법이나 시간 등 가열조건을 확립 한다.

3) 감각검사방법에 적절한 감각검사용 시료의 준비

차이검사에 이용할 감각검사용 시료의 준비에는 시료 간 차이를 감지할 수 있는 방법을 사용한다. 예를 들어 감자칩의 튀김기름의 차이를 평가할 때는 다른 재료에 의한 오차를 줄이기 위하여 소금과 같이 강한 맛과 향이 나는 조미료를 사용하지 않는다. 그러나 소비자 기호도검사에서는 일반적으로 판매되거나 소비되는 것과 같은 방법으로 시료를 준비 하는 것이 좋다.

2. 감각검사용 시료의 제시

1) 감각검사용 시료의 제시용기

같은 검사에 사용되는 모든 감각검사용 시료는 동일한 용기에 담는다. 일반적으로 흰색의 동일한 크기와 모양의 용기를 사용하도록 하며 충분한 양을 담을 수 있어야 한다. 감각검사용 시료는 냄새가 없는 용기에 담아 제공해야 하는데 일반적으로 사기, 유리, 스테인리스를 많이 이용하며, 플라스틱이나 나무와 같이 맛이나 냄새를 다른 식품에 옮기는 것은 사용하지 않는다. 쉽게 건조되거나 주위 수분을 흡수하는 시료는 밀봉하거나 뚜껑이 있는 용기를 사용한다. 재사용할 수 있는 용기는 깨끗이 세척한 후 잘 건조하여 보관한다.

2) 감각검사용 시료의 제공온도

아이스크림, 국, 커피 등과 같은 감각검사용 시료는 일상생활에서 섭취하는 온도로 제공한다. 일반적으로 아이스크림은 -1~2℃, 식용유는 45~50℃, 생선과 고기는 55~60℃, 밥과 국은 60~65℃, 커피는 65~70℃로 제공하며, 검사가 진행되는 동안 일정한 온도를 유지한다그림 5-1. 일정하게 온도를 유지해야 하는 시료를 제공할 때는 보온용기, 냉장고, 항온기, 중탕기 등을 이용한다.

3) 감각검사용 시료의 양과 개수

감각검사용 시료는 3번 정도 평가할 수 있도록 충분한 양을 제공하며, 반복 평가 시 제공되는 감각검사용 시료의 크기와 양은 같아야 한다. 종합적 차이검사에 제공되는 과자는 1/6조각 크기로 3개, 빵과 케이크는 2×2×2cm 크기로 2개, 음료는 15~20mL가 적당하다그림 5-2.

한 번에 많은 양의 감각검사용 시료를 제공하면 패널의 감각이 둔화되어 올바른 평가를 하기 어려우므로, 1회에 평가할 수 있는 감각검사용 시료의 수를 조절해야 한다. 부드러운 향미를 내는 감각검사용 시료는 8~10개, 자극이 강한 감각검사용 시료는 1~2개 정도가 적당하다. 하지만 적절한 시료의 수는 감각검사방법에 따라 다르다. 기호도평가에는 3~4개, 순위검사에는 4~6개의 시료를 제공하는 것이 적당하다.

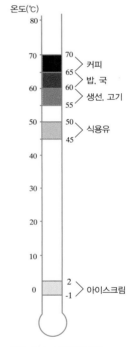

그림 5-1 **감각검사용 시료의 제공온도**

케이크(2×2×2cm)

▲180mL ▲20mL
음료(20mL)

그림 5-2 제시하는 감각검사용 시료의 양

4) 동반식품

동반식품(carrier)은 감각검사를 할 때 감각검사 시료와 함께 제공한다. 동반식품은 감각검사용 시료의 특성평가에 영향을 주지 않아야 한다. 간혹 동반식품으로 인해 오차가 발생할 수 있으므로, 특성차이검사에서는 동반식품을 사용하지 않는다. 반드시 동반식품을 사용해야 한다면, 감각검사용 시료특성에 영향을 주지 않고 항상 같은 품질을 유지할 수 있는 식품을 선택한다.

소비자 기호도검사에서는 평소 같이 섭취하는 식품을 동반식품으로 제공한다. 김치에

김치	밥	떡고물	떡
핫도그	케첩	고추장	오이·당근
식빵	잼	잼	과자
평가식품	동반식품	평가식품	동반식품

그림 5-3 동반식품

는 밥을, 떡고물에는 떡을, 고추장에는 오이나 당근을, 핫도그에는 토마토케첩을, 식빵에는 잼을, 잼에는 과자를 동반식품으로 제공한다 그림 5-3.

5) 감각검사용 시료의 표시
감각검사용 시료를 표시할 때에는 편견을 유도하지 않는 방법을 사용한다. 1, 2, 3이나 A, B, C와 같이 연속적인 숫자나 알파벳은 사용하지 않는다. 대개 감각검사를 할 때에는 난수표나 무작위로 선택한 세 자리 숫자를 사용하고, 의미 없는 기호를 사용하여 감각검사용 시료를 표시하기도 한다.

6) 감각검사용 시료의 제시순서
감각검사 결과는 시료특성뿐 아니라 제시순서의 영향을 받아 대조오차, 위치오차, 시간오차 등이 나타나게 된다. 이러한 오차는 패널을 훈련하여 줄일 수 있으나 일반적으로 감각검사용 시료를 균형 있게 배치하거나 무작위로 제공함으로써 오차가 생기지 않도록 한다. 두 번째로 검사하는 시료의 특성이 더 강하거나 좋게 느껴지는 오차를 막기 위해 맛보기 시료(warm-up sample)를 이용하기도 한다.

7) 준비물
정확한 검사를 위해서는 직전에 검사한 시료가 다음 평가에 영향을 주지 않도록 입가심용 물을 제공한다. 물은 보통 무색, 무미, 무취인 실온의 증류수를 사용하는데, 기름진 음식을 검사할 때는 레몬즙을 넣은 물이나 따뜻한 물을 제공한다. 또한 뒷맛이 남는 시료를 제공할 때는 과자, 식빵, 사과 등을 함께 제공하여 평가 사이사이에 사용하도록 한다.

8) 주의사항
- 패널에게 감각검사용 시료에 대한 정보를 제공하지 않는다.
- 향이 없는 비누를 준비하고 감각검사 전에 패널에게 손을 씻게 한다.
- 패널은 감각검사 전 향이 강한 화장품을 바르지 않는다.
- 감각검사 30분 전 음식물을 섭취하거나 껌을 씹지 않고 구강청결제도 사용하지 않는다.

- 패널에게 감각검사용 시료의 평가방법, 평가속도를 정확히 이해시켜 모든 패널이 동일한 방법으로 시료를 평가하도록 한다.
- 패널은 감각검사용 시료 간 검사시간의 간격을 충분하고 동일하게 하여 맛의 상호작용을 줄인다.

이 외에도, 감각검사용 시료를 제공할 때는 검사로 밝히려는 특성의 차이가 잘 인식되도록 한다. 즉, 텍스처가 다른 시료의 향미를 평가할 때에는 시료를 곱게 부수어 텍스처 차이를 없앤 채로 제공하거나 1개씩 제공하여 검사한다. 또한 시료의 색이 평가하려는 특성에 영향을 미치는 경우, 검사실의 조명을 어둡게 하거나 색등을 이용하며, 빨강이나 파랑 등과 같은 색의 용기에 담아 제공하기도 한다.

CHAPTER 6

패널의 선발 및 훈련

패널의 선발 및 훈련

제품의 감각적 특성을 정성적 또는 정량적으로 분석하거나 소비자의 기호도를 조사하는 사람을 패널이라고 한다. 식품의 품질은 소비자에 의하여 감각적으로 평가되기 때문에, 경쟁이 치열한 시장에서 살아남기 위해서는 제품의 감각적 품질에 대한 정확한 정보를 얻어야 하고 식품의 효율적인 개발을 위해서는 민감성(sensitivity)과 재현성(reproducibility)을 가진 유능한 패널을 선발하고 훈련하는 일이 중요하다.

1. 패널의 분류

패널(panel)이란 감각검사의 자격을 지닌 사람들의 집단을 말한다. 패널의 구성원은 패널요원(panel member)이라 하고, 패널을 통솔하는 사람은 패널지도자(panel leader)라고 한다. 품질분석을 위한 감각검사를 할 때는 훈련된 전문패널(expert panel)이 필요하다. 반면 소비자 기호도검사와 같이 시장조사에 참여하는 패널로는, 전문적으로 훈련된 사람보다는 훈련을 받지 않은 여러 명의 소비자가 적합하다.

1) 검사목적에 따른 분류

(1) 차이식별 패널
차이식별 패널은 구입원료의 차이를 판별하는 검사, 품질관리용 검사, 공정개선시험 등 제품의 품질차이를 검사하는 데 참여하며 고도로 훈련된 10~20명의 패널이 적당하다.

(2) 특성묘사 패널

특성묘사 패널은 신제품이나 품질을 개선한 제품의 특성을 묘사하는 데 참여하므로 고도의 훈련과 전문성을 지닌 소수의 요원이 적당하다.

(3) 소비자 패널

소비자 패널은 기호조사 패널이라고도 하며, 소비자 기호도검사에 참여할 훈련되지 않은 많은 수의 소비자가 이에 해당된다.

2) 훈련 유무에 따른 분류

(1) 무경험 패널

실험에 대한 정보를 알지 못하는 소비자로 소비자 기호도검사에 참여한다.

(2) 유경험 패널

비교적 간단한 차이검사에 참여하는 패널이다.

(3) 훈련된 패널

비교적 복잡한 차이검사에 참여하거나 훈련이 필요한 묘사분석을 주로 한다.

검사에 따른 패널의 적용

1. 훈련받지 않은 패널: 기호도조사, 간단한 차이식별검사
2. 훈련된 패널: 묘사분석, 스펙트럼 묘사분석

2. 패널의 선발

능력 있는 패널을 선발하기 위해서는 신체적인 자격을 고려한다. 시료의 특성을 날카롭게 분석해야 하는 테스트의 경우 이와 같은 자격이 더욱 중요시된다. 몇 주나 몇 달처럼 오랜 시간이 걸리는 실험실검사의 경우 패널 개개인이 회사의 고용인이어서 검사시간에 구애받지 않는다는 장점이 있으므로 이런 인원 중에서 패널을 선발하고 이때 실험에 흥미를 가진 사람을 우선으로 선발한다. 패널은 건강해야 하고 축농증이나 감기를 앓아서는 안 된다. 패널에게는 신체적 자격이 식품과학에 관한 지식보다 더욱 중요하다. 대개 회사 직원이나 대학생, 교수가 실험실검사 패널의 후보가 된다. 회사 직원을 패널로 선발할 경우 회사 내 지위에 상관없이 후보로 고려한다.

패널의 수는 검사목적에 따라 결정된다. 일반적으로 차이식별 패널보다는 기호조사 패널의 수가 많다. 차이식별 패널은 10~20명이 적당하고, 특성묘사 패널은 6~12명, 기호도조사 패널은 대규모일 때는 200~200,000명, 소규모일 때는 40~200명이 적당하다.

1) 패널 선발 시 고려사항

감각검사를 하는 식품의 종류가 다양하고 검사목적이나 환경도 다르므로 패널의 종류와 선정기준 역시 획일적이지 않다. 일반적으로 패널 선정 시 고려해야 하는 사항은 첫째, 건강이다. 패널은 생리적·심리적으로 건강한 사람이어야 한다. 심한 감기환자, 색맹, 미맹은 선발 시 제외한다. 둘째, 의욕과 참가 가능성을 고려한다. 훌륭한 패널은 검사에 적극적으로 참여할 의사가 있고 시간이 충분한 사람이다. 셋째, 나이를 고려한다. 어린이는 분별력이나 집중력이 떨어지고, 노인은 감지능력이 감퇴되어 있으므로 일반적인 검사에서는 제외한다 **그림 6-1**.

직업과 수입도 중요한 고려사항이다. 직업이나 수입별 소비자의 기호도 차이를 검사하거나 검사 대상 제품이 특정부류의 소비자를 위하여 생산될 경우 패널 선정에 필요한 제약조건을 고려한다. 또한 경험과 지역도 고려한다. 경험이 많은 패널은 평가요령, 감각표현이 능숙하여 검사시간을 절약하기에 좋다. 검사 시 지역성을 고려할 필요가 있을 때는 패널의 거주 지역을 고려한다. 향미 차이를 검사하는 데 참여하는 패널은 차이식별 평가를

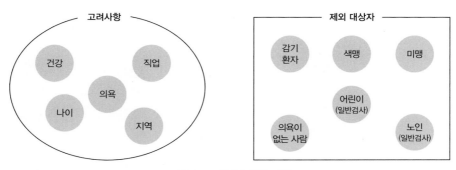

그림 6-1 **패널의 선발 조건**

반복할 수 있는 능력과 향미식별의 정확성, 향미에 편견이 없고 신뢰할 만하며 특정 향미 차이에 대한 감도를 가지고 있어야 한다.

2) 예비교육

패널의 훈련은 품질특성에 대한 감도(sensitivities)와 정확성에 기준을 두고 한다. 그리고 패널들이 이것을 습득하도록 한 뒤, 각 개인의 품질특성 감지능력과 분별능력을 평가하여 패널을 선정한다.

예비교육은 패널 후보에게 감각검사에 관한 기초적인 사항을 소개하는 필수 단계이다. 예비교육의 내용은 패널의 종류에 따라 다르지만, 소규모 패널의 경우 감각검사의 정의, 패널의 자격, 감각검사방법 소개 등을 포함한다.

덧붙여 제품의 개발이나 품질관리에서 감각검사의 중요성을 강조하고, 제품의 품질을 평가하는 데 객관적 측정방법의 한계 등을 이해시킨다. 감각검사에 대한 관심을 갖게 하기 위하여 감각검사실에서 비교적 간단한 검사방법을 보여주고, 이에 참여하도록 권유한다. 예비교육이 끝나면 패널 후보에게 훈련에 참가할 의향과 시간이 있는지 여부를 묻고, 후보의 질문에 답하는 시간을 갖는다.

3) 선발

패널을 선발하기 위해 표준화합물 용액 간 차이를 식별한다든지, 향미를 인지할 수 있는 능력을 평가하는 방법, 제품의 차이를 식별할 수 있는 능력을 평가하는 방법 등이 사용된다. 믿을 만한 패널을 선정하기 위해 패널 선발은 2회에 걸쳐 실시하는 것이 좋다.

패널 선발을 위한 방법

1. 표준화합물 용액 차이식별
2. 향미인지검사
3. 기타 제품의 차이식별능력검사

(1) 무경험 패널의 선발

무경험 패널은 일반 소비자, 전화상담이나 설문지 조사를 통하여 대상 제품의 사용자이거나 그 제품을 좋아하는 사람 중에서 감각검사 경험이 없는 후보를 무작위로 선발한다. 선정된 패널에게는 예비교육을 실시하고, 다른 훈련은 하지 않는다.

(2) 유경험 패널의 선발

유경험 패널 선발 시 우선 후보를 선별하는 과정을 거친다. 후보 선별의 목적은 후보의 차이식별능력에 순위를 매겨 가장 유능한 패널을 선정하려는 데 있다. 후보들에게 검사방법과 목적에 대한 예비교육을 실시하고, 여러 제품을 대상으로 선별검사를 2~3회 실시한다. 이때 제품이나 검사방법은 실제와 같게 하고, 검사는 쉬운 것부터 점점 어려운 것 순으로 한다. 유경험 패널을 선별하는 데 가장 널리 사용되는 검사방법으로는 삼점검사법, 일-이점검사법, 이점검사법이 있다.

(3) 훈련된 패널의 선발

훈련된 패널은 제품 간 품질 차이를 식별할 뿐만 아니라 제품의 특성을 묘사하는 능력을 갖추어야 한다. 매주 3~5시간 감각검사 훈련에 응하여 6개월 이상 훈련을 수료하면 훈련된 패널이 될 수 있다. 이러한 과정을 거치는 이유는 가장 감도가 높은 패널을 골라내야 하기 때문이다.

훈련된 패널의 선별방법은 차이식별능력, 기본 향미의 인지(recognition)능력, 특정 용액 또는 화합물에 대한 한계값(threshold), 검사목적에 따른 패널의 선정기준 등에 기초를 두고 결정한다. 패널을 선정할 때는 예비교육을 통하여 그들의 임무를 충분히 이해해야 한다. 미국재료시험협회(ASTM)에 의하면 최소한 6개의 시료를 4번 반복하여 패널에게 제시한 후 얻은 결과를 가지고 패널의 능력을 평가하기도 한다.

어떤 선별방법을 사용하든 가장 중요한 사항은 후보가 감각검사 훈련에 참가할 의지와 관심이 있어야 한다는 것이다. 훈련과정에는 많은 시간과 노력이 들므로 본인의 의지와 시간이 있어야 함은 물론 후보의 상사가 이에 동의해야 한다.

훈련된 패널

다양한 특성의 평가를 위해 채점표의 사용, 채점표의 항목과 용어를 이해하고 있으며 연구자와의 토의를 거쳐 검사에 대해 전반적인 훈련을 받은 사람이다.

다음 표 6-1은 차이식별검사 패널을 선발할 때 맛과 향, 질감 항목의 시료의 종류와 농도를 나타낸다.

표 6-1 순서 정하기와 강도측정검사에서 사용할 수 있는 시료

구 분	시 료	시료의 농도			
· 맛					
신맛	구연산/물	0.25	0.5	1.0	1.5g/L
단맛	설탕/물	10	20	50	20g/L
쓴맛	카페인/물	0.3	0.6	1.3	2.6g/L
짠맛	소금/물	1.0	2.0	5.0	10.0g/L
· 향					
알코올	3-methylbutanol/물	10	30	80	180mg/L
· 조직감					
경도	cream cheese, American cheese, peanut, carrot slices				
부서짐성	corn muffin, Graham cracker, Finn crisp bread, life saver				

3. 한계값 검사

한계값 검사를 통해 패널 선발의 기준을 세울 수 있다. 한계값이란 일련의 감각에서 변화가 느껴지는 자극의 크기(농도)를 말한다.

1) 한계값의 정의와 종류

한계값은 다음의 4가지로 나눌 수 있다표 6-2. 절대한계값은 어떤 감각도 느껴지지 않는 상태에서 감각이 느껴지는 자극의 크기이며 가장 낮은 농도의 한계값이다. 이것은 인식한계값보다 더 낮은 수치를 나타내는데, 그 차이는 단맛이나 신맛보다 쓴맛에서 더 작다. 인식한계값이란 인식단계의 7단계 중 4단계 이상을 가진 것으로, 아주 희미하지만 무슨 맛인지 감지(인식)되는 농도를 말한다표 6-3.

표 6-2 **한계값의 종류**

종 류	다른 이름	특 징
절대한계값	감각의 한계값, 지각한계값, 자극한계값	어떤 감각도 없던 상태에서 감각이 느껴지는 자극의 크기
차이한계값	–	주어진 자극의 변화에서 감각 차이를 나타내는 데 필요한 최소한의 양
인식한계값	확인한계값	물질이 올바르게 확인되는 최소한의 농도
종말한계값	–	이 이상의 농도에서는 어떤 감지능력의 증가를 맛볼 수 없는 최대의 자극한계값

표 6-3 **인식한계값의 구별**

인식 단계	감지능력
1	물과 같은 맛
2	순수한 물인지 의심스러움
3	아주 희미한 맛이지만 무엇인지 말할 수 없음
4	아주 희미한 신(단)맛
5	희미한 신맛
6	약한 신맛
7	확실한 신맛

2) 한계값 측정방법

(1) 고정자극차이법(constant stimulus differences)

이 방법은 절대한계값과 차이한계값을 측정하는 데 사용된다. 절대한계값을 측정할 때는 표준용액을 농도 0으로 두고 각 시료는 표준과 쌍을 이룬다. 이 쌍을 무작위로 제시하고 평가자는 각 쌍에서 어떤 시료가 더 강한지를 판단한다. 농도 중에 평가자의 75%가 옳은 점이 바로 한계값이다. 차이한계값의 측정에서는 약 4개 정도의 표준용액을 사용하여 적당한 농도를 만든다. 역시 어떤 쌍이 더 강한가를 판단, 75%의 평가자가 옳게 판단한 농도가 차이한계값 농도이다.

(2) 한계의 방법(methods of limits)

이 방법은 절대한계값 결정에 사용하는 방법으로 시료를 농도 순으로 제시하고 평가자들은 이 시료에 예정된 품질이 있는지 없는지를 판단한다. 상승법(ascending series)과 하강법(descending series)을 번갈아 제시하고 시작은 0농도를 사용하며 시료는 상승과 하강 시리즈에서 나온 결과를 평균을 내어 사용한다.

다음 표 6-4는 기본 맛의 인식한계값과 차이한계값의 실험결과이다.

표 6-4 %농도로 환산한 4가지 맛의 역가

나 이	15~29		30~44		45~59		60~74		75~89		
검사자 수	25		16		23		27		9		F치
인식한계값											
sucrose	0.540	(0.016)	0.522	(0.015)	0.604	(0.018)	0.979	(0.029)	0.914	(0.027)	6.142***
sodium chloride	0.071	(0.012)	0.091	(0.016)	0.110	(0.019)	0.270	(0.046)	0.310	(0.053)	6.827***
hydrochloric acid	0.0022	(0.0005)	0.0017	(0.0005)	0.0021	(0.0006)	0.0030	(0.0008)	0.0024	(0.0007)	1.618
quinine sulfate	0.000321	(0.0000043)	0.000267	(0.0000036)	0.000389	(0.0000052)	0.000872	(0.0000116)	0.0000930	(0.000125)	7.540***
차이한계값											
sucrose	0.275	(0.008)	0.268	(0.008)	0.281	(0.008)	0.430	(0.013)	0.396	(0.012)	
sodium chloride	0.032	(0.005)	0.036	(0.006)	0.047	(0.008)	0.123	(0.021)	0.101	(0.017)	
hydrochloric acid	0.0012	(0.0003)	0.0009	(0.0002)	0.0009	(0.0002)	0.0026	(0.0007)	0.0012	(0.0003)	
quinine sulfate	0.000176	(0.0000024)	0.000094	(0.0000013)	0.000111	(0.0000015)	0.000623	(0.0000083)	0.000196	(0.0000026)	

( ) 몰농도
*** p＜0.001 수준에서 유의적

4. 훈련

1) 패널훈련의 필요성

실험실검사 시 검사가 복잡할수록 패널의 훈련이 필요하다. 검사를 주관하는 사람은 패널과 채점표를 점검해야 하고, 질문을 분명하게 하며, 패널이 각 반응에 대해 점수를 매길 때 그 점수를 말로 설명하도록 한다.

시료를 처음 평가할 때는 제품과 채점표를 놓고 전체 패널이 함께 토론하는 것이 효과적이다. 이렇게 하면 모든 패널이 채점표에 사용하는 용어의 정의를 동일하게 이해할 수 있다. 이렇게 용어설명을 미리 하지 않으면 채점표에 있는 용어해석을 다르게 하여 오차가 발생할 수도 있다. 참고로 기본 맛 감도 검사표를 제시하였다 **그림 6-2**.

패널훈련 시, 시료를 선별하는 기술을 구성원에게 알려주고 지시하여야 한다. 패널은

기본 맛 감도 검사표

시료를 위쪽 좌측에서부터 맛을 보고 다음의 표에서 해당하는 번호를 적으시오.

맛의 강도 척도	
0	아무 맛이 없다. (물맛)
1	무슨 맛인지 모르겠지만 약한 맛이 느껴진다. – 절대한계값
2	약하게 어떤 맛(단맛, 짠맛, 신맛, 쓴맛)이 느껴진다. – 인식한계값
3	쉽게 어떤 맛(단맛, 짠맛, 신맛, 쓴맛)이 느껴진다.
4	강하게 어떤 맛(단맛, 짠맛, 신맛, 쓴맛)이 느껴진다.

시료	맛의 강도
( )	( )
( )	( )
( )	( )
( )	( )
( )	( )

그림 6-2 **기본 맛 감도 검사표**

시료를 맛보기 전 실온의 물로 입을 헹군다. 본래 패널에게는 테스트 변인에 대해 알려주지 않으며, 실험목적에 관한 정보만을 주어 편견을 없애도록 한다. 각 감각검사의 형태에 따라 선발과 훈련은 다르므로 자세한 내용은 다음의 감각검사방법을 참고하면 된다.

2) 패널훈련의 목적

패널훈련은 감각검사에 관한 새로운 지식과 기술을 빠른 속도로 받아들여 검사의 효율을 증진하기 위해 실시한다. 훈련은 패널의 숙련 정도에 따라 다르게 실시해야 하며, 훈련을 통하여 패널이 개인적인 선호를 버리고 객관적인 결정을 할 수 있어야 한다. 훈련을 통해 패널은 작은 품질 차이도 감지할 수 있는 능력을 가질 수 있다. 훈련으로 제품에 관한 지식을 증진하고, 향미의 선별방법을 습득할 수 있기 때문이다.

패널을 훈련하는 목적은 크게 4가지로 나눌 수 있다.

- 첫째, 시료에 익숙하게 만든다. 패널훈련은 식품에 대한 전문지식을 갖게 한다. 식품의 이·화학적 특성을 이해하면 이들이 감각적 특성에 미치는 영향을 이해할 수 있다.
- 둘째, 기호를 결정하는 미각, 후각, 시각, 텍스처 등에 관한 기본 지식을 습득하게 한다.
- 셋째, 감각검사 요령과 평가방법을 숙지하게 한다.
- 넷째, 합리적이고 안정된 판단기준을 확립하게 한다.

시료에
익숙하게 함

감각을
이해시킴

감각검사
방법 숙지

합리적
기준 확립

그림 6-3 **패널훈련의 목적**

3) 패널훈련의 방법

감각검사는 어떤 방법을 사용하든 언제나 결과가 재현성을 지녀야 한다. 그러기 위해서는 개인적 혹은 패널 전체의 판단기준을 훈련을 통해 확립해야 한다. 패널의 훈련 정도는 검사목적이나 대상 제품에 따라 다르다. 훈련을 실제 상황과 비슷하게 만들기 위해서는 주요 검사대상을 훈련시료로 사용하여 제품의 품질을 이해하도록 해야 한다.

　패널의 훈련은 감각검사를 잘 아는 패널지도자가 주관한다. 최초로 회사에 묘사패널 (flavor profile, texture profile, quantitative descriptive analysis)을 만들 때에는 전문가를 초빙하여 훈련을 실시한다. 훈련의 첫 과정은 품질특성을 익히는 데에 중점을 둔다. 특정 품질특성을 연구할 경우에는 지도자가 그 특성의 범위와 강도를 나타낼 수 있는 시료를 준비하여 이를 패널에게 명확히 이해시켜야 한다. 예를 들면, 커피의 쓴맛에 대한 훈련을 할 경우 아주 쓴 커피부터 가장 쓴맛이 덜한 커피를 준비하여 패널이 커피의 쓴맛 범위와 정도를 이해하게 하는 것이 좋다.

　다음 단계에서는 지도자가 검사방법에 알맞은 평가척도(rating scale)를 설명한다. 패널이 평가한 제품특성과 강도가 패널지도자의 결과와 같다면 패널그룹훈련을 마치고, 개인의 성능평가를 한다.

　성능평가는 어느 패널이 평가하는 특성을 식별하거나 묘사하는 데 어려움이 있는지를 알아내고, 패널에게 문제가 되는 평가척도나 특성을 알아내며, 언제 훈련을 끝내고 실제 검사에 임할 수 있는지를 알아내는 데 사용된다. 성능평가의 결과는 패널에게 신중히 알려주어야 한다. 개인별 성취도를 패널 전체와 비교하여 알려주는 것은 좋은 자극이 되며, 이후 패널의 성능을 향상하는 데 도움이 된다.

　패널이 원하는 정도의 능력을 발휘하게 되면 훈련을 마친다. 전체 패널의 수준을 따라가지 못하는 패널은 이 단계에서 탈락시킨다. 이 사람들은 나중에 재훈련하여 유경험 패널로 참여시키거나 다른 제품의 검사에 투입한다. 나머지 사람들은 훈련된 패널로 인정하며, 실제 검사에 활용한다. 훈련된 패널의 수는 실제 필요한 수보다 많이 확보해야 한다. 질병, 휴가, 피로 등으로 참가하지 못하는 인원까지 고려해야 하기 때문이다. 검사 활동을 오랜 기간 하지 않았거나 시료가 과거와 달라졌을 경우, 가끔씩 재훈련을 하는 것도 좋은 방법이다.

실험 1 4가지 기본 맛의 감도검사

실험목적 감각검사를 통해 4가지 기본 맛의 절대한계값과 인식한계값을 측정한다.

재료 A: 10.0% 설탕 용액(단맛)   B: 0.6% 염화나트륨 용액(짠맛)

C: 0.15% 구연산 용액(신맛)   D: 0.15% 카페인 용액(쓴맛)

실험방법

1. 용액 준비

① 10% 설탕 용액(A), 0.6% 염화나트륨 용액(B), 0.15% 구연산 용액(C), 0.15% 카페인 용액(D)을 100mL씩 준비한 다(각각 용량 플라스크에 정확하게 담는다).

② 비커 4개에 A1~12, B1~12, C1~12, D1~12까지 번호를 붙여 준비한다.

③ 10% 설탕 용액 100mL를 비커 A12에 정확히 50mL를 나누어 붓고, 용량 플라스크 속에 다시 증류수 50mL를 넣은 다음 잘 섞어 희석한다.

④ 용량 플라스크 속의 용액 100mL 중 50mL를 비커 A11에 덜어 붓고, 용량 플라스크 속에 증류수 50mL를 첨가하여 100mL로 만든다. 이와 같은 방법으로 A2까지 희석 용액을 만든다. A1에는 50mL의 증류수를 담아 준비한다.

⑤ B, C, D 용액도 같은 방법으로 희석 용액을 준비한다.

2. 감도검사

① A의 12가지 용액 중 가장 잘 희석된 용액부터 맛을 보며 맛의 강도를 숫자로 표시한다.

② 절대한계값과 인식한계값을 찾고 자신이 좋아하는 농도에 도달하면 검사를 중단한다.

③ B, C, D의 12가지 농도의 용액도 같은 방법으로 검사한다.

④ 4가지 희석 용액의 농도(%)를 계산하고 4가지 기본 맛에 대하여 절대한계값, 인식한계값, 자신이 좋아하는 기본 맛의 농도를 결정한다.

감도검사 실시 지침

① 검사용액은 절대로 삼키지 않고 입속에 머금어 검사한다. 맛을 볼 때는 용액을 입속에서 휘돌려 혀의 전체 표면이 젖도록 해야 한다.

② 증류수로 입을 잘 헹구고 No.1의 맛을 본다.

③ 검사 용액 No.2(가장 잘 희석된 것)의 맛을 본다.

(계속)

④ 맛을 본 결과는 아래 주어진 척도에 따라 강도의 크기를 숫자로 표시한다.

⑤ 증류수로 입을 헹구고 약 30초간 기다린다.

⑥ 검사용액 No.3의 맛을 보고 그 강도의 크기를 기록한다.

⑦ 다시 증류수로 입을 헹구고 30초 후에 그다음 검사용액의 맛 강도를 No.2나 No.3와 같은 요령으로 평가한다.

맛의 강도척도

0: 증류수와 같은 맛

1: 무슨 맛인지 모르겠지만 약한 맛이 느껴진다(절대한계값).

2: 약하게 어떤 맛이 느껴진다(인식한계값).

3: 쉽게 어떤 맛이 느껴진다.

4: 강하게 어떤 맛이 느껴진다.

실험 2 한계값의 결정

실험목적 모 회사제품인 '8% 핵산조미료'의 한계값을 결정한다.

패널 9명

실험방법

① 상승법과 하강법을 각각 블랭크(증류수)와 짝지어, 각 쌍(pairs)에서 맛의 차이를 느낄 수 있는가를 표시하도록 한다.

② 각 방법에는 constant factor를 1.5로 5가지 농도 시료와 2개의 블랭크(증류수)로 구성한다. 핵산조미료 함유 시료는 농도 순으로, 블랭크(증류수) 시료는 사이사이에 무작위로 삽입하여 제시한다.

③ 9명의 패널 중 절반은 상승법을 먼저, 나머지는 하강법을 먼저 검사한다.

④ 질문지: 각 패널에게 주어지는 시료 제시순서는 모두 다르다(상승·하강 순서와 블랭크 삽입 위치가 무작위).

⑤ 용기는 1회용 종이컵을 사용하고, 맛을 감지할 때는 삼키는 방법을 이용한다.

Threshold Test

Date ＿＿＿＿＿＿＿＿＿

Name ＿＿＿＿＿＿＿＿

시중에서 판매되고 있는 8% 핵산조미료의 한계값 결정을 위한 실험입니다.

다음에 주어지는 각 쌍에서 그 맛의 차이가 감지되면 O표, 그렇지 않으면 X표를 하여 주십시오.

1. 340, 356 ( )	1. 237, 754 ( )
2. 678, 784 ( )	2. 514, 952 ( )
3. 125, 596 ( )	3. 891, 187 ( )
4. 701, 654 ( )	4. 128, 347 ( )
5. 592, 478 ( )	5. 106, 422 ( )
6. 220, 319 ( )	6. 455, 543 ( )
7. 116, 123 ( )	7. 300, 886 ( )

(계속)

실험 2

실험결과

1. 상승법(농도: mg/100mL)

시료(농도) \ 패널	A	B	C	D	E	F	G	H	I
125(0)	X	X	X	X	O	X	X	O	O
340(0)	X	X	X	X	O	X	X	X	O
356(4.4)	X	X	O	X	X	X	O	X	X
784(6.6)	X	O	O	X	O	X	O	O	X
596(9.9)	X	O	O	X	O	O	O	X	O
543(14.9)	X	O	O	O	O	O	O	O	O
106(21.8)	O	O	O	O	O	O	O	O	O

각각에 무작위로 짝지은 블랭크

237, 891, 478, 455, 300, 514, 128

2. 하강법

시료(농도) \ 패널	A	B	C	D	E	F	G	H	I
701(21.8)	O	O	O	O	O	O	O	O	O
187(14.9)	O	O	O	O	X	O	O	X	O
886(9.9)	X	O	O	O	X	X	O	O	O
116(6.6)	X	X	O	X	O	O	O	O	X
319(4.4)	X	X	X	X	X	X	O	O	O
220(0)	X	O	O	O	X	X	X	O	X
678(0)	O	X	X	X	O	O	O	X	X

블랭크

592, 754, 347, 422, 654, 952, 123

- A, B, C, D, E 패널에게는 상승법을 먼저 제시한다.
- F, G, H, I 패널에게는 하강법을 먼저 제시한다.

이 결과로 각 개인의 한계값 농도를 알 수 있다.

그룹의 한계값은 그룹의 50%가 정답으로 인정한 농도를 한계값으로 정한다.

CHAPTER 7

감각검사의 영향요인과 측정도구

감각검사의 영향요인과
측정도구

7

감각검사는 인간이 평가도구가 되어 식품에 대해 느끼는 일련의 감각을 측정하는 검사이기 때문에, 측정과정에서 환경, 생리, 심리적 요인에 영향을 받을 수 있다. 따라서 검사의 목적, 패널의 특성, 제품의 특성 등에 맞게 느끼는 감각을 정량화하여 이를 수치화할 수 있는 측정도구를 사용해야 한다. 또한 오류를 최소화하고 동일한 검사를 진행했을 때 유의미한 결과를 얻을 수 있도록 감각검사의 영향 요인을 고려해야 하며, 통계적으로 산출 가능한 측정도구를 사용하는 것이 필요하다.

1. 감각검사의 영향요인

1) 생리적 요인

(1) 패널의 신체적 조건

감각검사는 인간이 검사의 도구이며, 패널의 신체적 조건이 감각검사의 결과에 영향을 줄 수 있기 때문에 패널은 생리적, 심리적으로 건강해야 한다. 감기나 호흡기 질환(축농증, 비염 등)이 있는 환자, 특정한 맛 성분에 대해서 맛 구별이 안 되는 미맹 등의 경우 냄새나 맛에 대한 민감도가 떨어지기 때문에 감각검사를 수행하기 어렵다.

감각검사에 참여하는 패널은 검사 수행에 대한 의욕이 있어야 한다. 감각검사에 참여할 의지와 관심이 없거나, 스트레스를 받는 상황으로 인한 참여 의욕이 저하되어 있으면 감각검사를 정상적으로 수행하기 어렵다.

감각검사의 수행 직전 자극적인 기호식품의 섭취를 피하는 것이 좋다. 담배나 커피와 같은 강한 자극을 주는 물질들은 검사가 시작되었을 때 정확한 검사를 방해하는 간섭요인으로 작용할 수 있다. 일반적으로 담배나 커피는 감각검사 1시간 이전부터는 삼가야 한다.

감각검사의 수행 시간도 고려하는 것이 필요하다. 피로도가 높은 시간대는 패널의 검사 의욕이 떨어지기 쉬우며, 감각검사 직전 식사를 했다면 포만감과 음식의 맛에 대한 잔류감으로 인해 감각검사의 정확성이 떨어질 수 있다. 개인의 바이오리듬에 따라서 적정 시간은 달라질 수 있으나, 일반적으로 식후 2시간 내외의 시간에 진행하는 것이 좋으며 오전 10시에서 점심 전 시간이 가장 감각검사를 수행하기 적절한 시간으로 보고 있다.

(2) 생리적 반응

서로 다른 맛 성분을 지속적으로 평가하게 되면 패널은 해당 맛을 더 강하게 느끼거나, 약하게 느끼는 현상이 나타나는데, 이는 여러 가지 맛의 혼합으로 인한 생리적 요인 때문이다.

① 적응

적응(adaptation)은 동일한 자극을 지속적으로 받을 때, 패널의 감각에 대한 민감도가 낮아지거나 변화하는 것으로, 동일한 자극을 순차적으로 제공하는 한계치(threshold) 강도 평가 시에 발생하기 쉽다. 예를 들어, 다음과 같이 아스파탐의 단맛 감각평가를 할 때, B의 경우 A보다 아스파탐의 단맛을 낮게 평가할 수 있다. B는 설탕 섭취로 인해 단맛에 노출되어 단맛에 적응하였고, 그 결과 단맛에 대한 민감도가 낮아졌기 때문이다.

	적응 자극	시험 자극
A의 경우	H_2O	aspartame
B의 경우	sucroce	aspartame

② 강화

강화(enhancement)는 하나의 자극이 그다음 이어지는 자극의 강도를 증가시키는 것으로, 소량의 소금을 넣은 설탕물의 단맛이 같은 농도보다 강하게 느껴지는 현상이다.

③ 상승

상승(synergy)은 각각 단독으로 있을 때의 자극강도보다 혼합되었을 때 감지되는 강도가 증가되는 것으로, 각각의 강도의 합보다 혼합물의 강도가 더 큰 것을 말한다. 핵산조미료를 섞은 복합 조미료의 감칠맛 강도가 단독으로 각각 먹을 때보다 더 감칠맛이 커지는 현상이 이에 속한다.

④ 억제

억제(suppression)는 단독으로 있을 때보다 혼합되어 있을 때 그 자극강도가 낮아지는 것으로, 커피에 설탕을 타는 경우 커피의 쓴맛이 감소되는 효과가 해당한다.

2) 심리적 요인

(1) 기대오류와 자극오류

① 기대오류

기대오류(expectation error)는 시료의 정보가 자극의 평가에 영향을 주는 것이다. 한계값 검사 시에 패널은 제시된 시료가 일정하게 자극의 강도가 증가하거나 감소한다는 것을 알기 때문에, 본인이 느끼는 자극에 대해서 결과지를 작성하지 않고, 기대하는 바에 맞춰서 검사결과를 작성하는 기대오류를 범할 수 있다.

② 자극오류

자극오류(stimulus error)는 시료의 평가항목 외에 다른 외부 자극에 의해서 평가가 이루어지는 것으로, 식품 자체의 평가 시에 감지된 감각이 아닌 다른 요소에 의해서 평가가 이루어지는 것을 말한다. 예를 들어 실제 평가하는 식품에서 감지된 맛이 아닌, 평가하는 식품이 담긴 용기의 색이나 모양, 브랜드 등의 다른 요소에 자극을 받아 식품의 맛을 더 좋거나 나쁘게 평가하는 것이다.

이러한 기대오류와 자극오류를 줄이기 위해서는 실험에 참여하는 패널에게 제공되는 시료의 정보를 최소화하며, 제시되는 시료는 코드로 무작위로 제시한다. 평가할 식품을 담는 용기나 식품 자체의 모양 등의 다른 조건으로 인한 영향도 최소화해야 한다.

(2) 습관오류

습관오류(Error of habituation)는 자극강도가 미세한 간격으로 일정하게 증가하거나 혹은 감소할 때, 유사한 실험을 반복해서 진행했을 때, 패널이 다음에 제공될 시료에 대해서 알고 있다고 생각하는 경우 나타날 수 있다. 일정하게 감각의 강도가 증가하는 경우 아직 자극을 인지하지 못했지만 느꼈다고 평가할 수 있다. 실제 평가를 진행한 감각에 대해서 평가하는 것이 아니라, 반복해서 진행했던 이전 실험의 경향과 유사한 패턴으로 결과값을 작성하는 오류를 범할 수 있다. 습관오류를 줄이기 위해서는 시료의 형태를 변형하는 등의 방법을 사용할 수 있다.

(3) 논리적 오류와 후광효과

① 논리적 오류

논리적 오류(logical error)는 패널이 평가하는 시료의 특성 2가지 이상이 서로 연관되어 있다는 생각으로 특성평가에 영향을 주는 경우를 말한다. 예를 들어 커피의 색이 진할수록 커피의 향이나 맛이 강할 거라는 생각으로, 색만 진할 뿐인데 커피의 향이나 맛의 강도도 높게 평가하는 논리적 오류를 범할 수 있다.

② 후광효과

후광효과(halo effect)는 각 항목의 점수가 서로 영향을 미쳐 한 가지 특성이 좋으면 다른 특성도 높게 평가하는 경향을 말한다. 커피의 전반적인 기호도가 가장 좋은 제품의 색, 향미, 맛 등의 다른 항목에 전반적으로 점수를 높게 주는 경우가 이에 해당한다.

논리적 오류와 후광효과로 인한 평가의 오류를 최소화하기 위해서는 패널의 훈련과정에서 각각의 특성을 개별적으로 평가할 수 있도록 반복된 훈련을 진행하는 것이 바람직하다.

(4) 제시순서에 따른 오차

시료가 제시되는 순서에 따라서 평가결과가 서로 영향을 줄 수 있다. 대조효과, 그룹효과, 중앙경향오류, 시간·위치오류 등이 있다.

① 대조효과

대조효과(contrast effect)는 품질이 좋은 시료 뒤에 나쁜 시료가 제시되면 각각 평가할 때보다 나쁜 시료가 더 나쁘게 평가되는 것으로, 반대의 경우에도 같은 현상이 나타날 수 있다.

② 그룹효과

그룹효과(group effect)는 3개 이상의 제품을 평가할 때 품질이 나쁜 시료가 더 많으면 좋은 시료도 나쁘게 평가되는 경향을 말한다.

③ 중앙경향오류

중앙경향오류(error of central tendency)는 평가하는 시료를 순서에 따라 제공했을 때 중앙에 위치한 시료가 가장자리 시료보다 더 높은 빈도로 선택받는 것과 척도를 사용할 때 주로 중앙 점수에 가깝게 시료를 평가하는 오류를 말한다.

④ 시간·위치오류

시간·위치오류(time error/positional bias)는 제시되는 시료가 많았을 때, 끝에 갈수록 평가에 대한 피로와 무관심 때문에 시료의 평가결과에 오류가 생기는 경향을 의미한다.

이처럼 제시순서에 따른 오류는 실험의 시료를 랜덤화하고 균형화하는 과정에서 최소화할 수 있다. 난수표를 사용하여 순서를 무작위로 배열하여 제공하고, 동일한 실험을 2회 이상 반복하는 과정에서 시료 제시의 순서를 바꿔서 평가를 진행한다.

(5) 동기의 결핍과 상호 암시

식품의 감각평가는 식품의 품질에 대해서 미세한 차이를 식별하여 느껴지는 감각 그대로를 평가하는 것인데, 패널의 참여 동기나 함께 평가하는 패널에 의해 영향을 받을 수 있다. 동기의 결핍(lack of motivation)이 있으면 불성실한 평가로 인해 식품의 평가에 오차가 생기기 쉽다. 또한 함께 평가하는 패널이 서로 대화를 하며 평가를 진행하는 경우 상호 암시(mutual suggestion)에 의해 자신이 느낀 평가가 아닌 다른 평가자의 말에 영향을 받아 제품을 평가할 수 있다.

따라서 감각검사를 수행하는 패널의 동기유발을 위해서 본 실험의 목적을 명확하게 설명하고 참여 의지를 고취할 수 있도록 해야 하며, 감각검사를 수행하는 공간의 분리를 통해 평가원 간의 영향을 최소화해야 한다.

2. 감각검사의 측정도구

1) 척도의 종류와 특성

(1) 명목척도

명목척도(nominal scale)는 평가항목을 2개 이상의 그룹으로 구분하는 방식으로 각 그룹은 특정한 순서나 크기 차이에 관계없이 이름에 의해 분류하는 것이다. 예를 들어 축구선수의 등번호 같은 것으로, 사과 껍질의 주된 색(빨강, 노랑, 초록)으로 사과를 분류하는 방식 등이 이에 속한다. 명목척도는 종류별로 구분하는 방식을 사용할 뿐, 구별된 그룹 간에 특정한 순서나 양적 관계가 없기 때문에 제공되는 정보의 수준이 가장 낮다. 이를 사용한 실험법으로 분류법(classification)이 있다. 분류법은 평가하고자 하는 식품을 대표하는 맛을 구분하여 구획화하는 것에 사용할 수 있다.

오렌지주스가 나타내는 대표적인 맛을 표기하시오.

단맛 _____
짠맛 _____
신맛 _____
쓴맛 _____
감칠맛 _____

(2) 서수척도

서수척도(ordinal scale)는 패널이 평가항목의 순서(order)를 매길 수 있는 것으로, '약하다', '중간이다', '강하다' 등의 순서로 평가하는 제품을 구분할 수 있는 것이다. 평가하는 시료가 지닌 특성의 차이를 강하거나 약한 순서대로 표기할 수 있지만, 각 특성의 크기 차이가 어느 정도 나타나는지 평가하기 어렵다. 예를 들어 3가지 서로 다른 오렌지주스의 신맛을 순서대로 나열하는 순위법(ranking)이 대표적으로 서수척도를 사용한 검사법이다.

평가하고자 하는 감각의 순서를 매길 수 있기 때문에 수치화하여 통계분석법으로 분석할 수 있어 명목척도보다 정보량은 많지만, 순서만 표기할 뿐 감각이 느껴지는 크기의 차이를 확인할 수 없다. 일반적으로 순위법은 감각검사에 익숙하지 않은 소비자 패널을 대상으로 기호도 평가를 실시할 때 주로 사용한다.

● **서수척도가 사용된 순위법의 예**

다음 5가지 초코우유의 맛을 보고 초코 맛이 강한 것부터 순위를 작성하시오.

	294	083	571	385	697
초코 맛이 강한 순서	_____	_____	_____	_____	_____

(초코 맛이 가장 강한 것이 1순위, 가장 약한 것이 5순위)

(3) 간격척도

간격척도(interval scale)는 평가하고자 하는 특성의 강도를 평가자가 먼저 일정하게 나누어 놓고 각 시료들의 특성이 이 중에 어디에 속하는지를 평가하는 것이다. 일반적으로 척도법(scaling)이 간격척도를 사용하는 대표적인 감각검사방법이다. 간격척도는 숫자나 용어를 사용하여 일정한 간격을 만들어 평가항목을 분리하기 때문에, 평가항목은 특성에 대한 크기 순서와 강도의 차이를 보인다. 이러한 간격척도에는 항목척도와 선척도가 있다.

① 항목척도

항목척도(category scaling)는 감각특성의 강도가 연속적인 항목으로 구성되어 있다. 척도항목은 최소 3~5개부터 12개까지 다양하게 구성할 수 있고, 이들 항목은 숫자나 문자로 표시하고, 숫자와 문자를 모두 표시하기도 한다. 예를 들어, 제시된 시료의 기호도를 평가하는 항목척도로 '대단히 좋아한다 = 9', '대단히 싫어한다 = 1'로 표기하여 패널이 작성한 수치를 토대로 해당 시료의 기호도의 강도 차이를 비교할 수 있다. 문자로 표시된 척도는 크기의 차이가 순서대로 되어 있기 때문에, 통계분석을 위해 숫자로 바꾸어 처리할 수 있다. 따라서 모든 척도의 수치는 연속선상 위에 위치하고 있어 구조화된 척도(structured scale)라고도 한다.

● **항목척도의 예**

1: 대단히 약하다 / 대단히 싫다
2: 매우 약하다 / 매우 싫다
3: 약하다 / 싫다
4: 조금 약하다 / 조금 싫다
5: 중간이다 / 보통이다
6: 조금 강하다 / 조금 좋다
7: 강하다 / 좋다
8: 매우 강하다 / 매우 좋다
9: 대단히 강하다 / 대단히 좋다

항목척도는 항목과 항목 사이에 간격이 존재하는 특성을 가지고 있으나, 9점 척도의

경우 1점이나 9점과 같은 끝의 값을 잘 사용하지 않으려는 경향을 보인다. 따라서 3점, 5점같이 작은 간격의 척도보다는 적어도 9점, 12점, 15점 이상의 척도를 사용하여 시료 간의 작은 차이가 결과에 잘 나타나도록 하고 있다.

② 선척도

선척도(line scaling)는 일정한 길이의 수평선을 평가하고자 하는 시료의 특성강도의 연속상으로 나타내어, 패널이 느끼는 정도에 해당하는 강도를 표시하게 하는 척도이다. 표시된 강도는 선의 왼쪽 끝에서 길이를 재어 수치로 전환하여 통계분석 등에 사용된다.

일반적으로 15cm 크기의 선척도를 가장 많이 사용하고 있고, 왼쪽 끝을 특성이 가장 약한 쪽으로, 오른쪽 끝을 특성이 가장 강한 쪽으로 표기한다. 강도를 나타내는 표식의 양 끝을 사용하는 것을 피하는 경향을 줄이기 위해서 양 극단으로부터 1.25cm 안에 평가하고자 하는 지표의 가장 마지막 지표를 위치시키는 것이 일반적이다. 선척도는 항목척도와 달리 평가하는 모든 부위의 지표가 숫자나 용어로 표시되어 있지 않아 비구조화된 척도(unstructured scale)라고도 한다.

항목척도는 미리 정해진 항목에 표시하여 평가하는 반면 선척도는 선 위의 어느 부분이라도 체크할 수 있기 때문에 작은 차이를 표현하는 데 자유롭다는 장점이 있으나, 결과 분석을 위해 일일이 길이를 재어 수치화해야 하기 때문에 분석에 시간이 많이 드는 단점이 있다.

● **선척도의 예**

오렌지주스의 색에 대한 평가

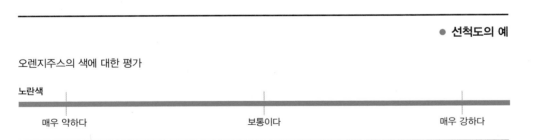

(4) 크기추정척도

크기추정척도(ratio scale)는 패널이 먼저 제공한 기준물의 자극과 비교하여 시료의 자극이 어느 정도 강한지, 약한지를 숫자의 비율로 측정하는 방식이다. 예를 들어 기준이 되는 커피의 쓴맛을 100으로 봤을 때, 다음 커피의 쓴맛이 기준 커피에 비해 절반 정도의 쓴맛을 가지면 50으로 표시하는 방법이다. 따라서 기준이 되는 시료와 비교하여 특성의 차이를 비교할 수 있다.

하나의 자극을 패널에게 제공하여 임의의 값을 부여하게 하거나, 사전에 정해진 값을 부여한 표준 시료를 제공하고 수치에 비례하여 부여할 수 있게 한다. 몇 배 강한가, 몇 배 약한가 등의 비례에 대한 내용에 맞춰 시료의 특성강도를 평가해야 하기 때문에 간격척도에 비해 사용하기 어렵다는 단점이 있다. 또한 이러한 크기의 기준을 주지 않고 임의로 부여하는 경우 부여된 점수가 어느 정도의 크기를 나타내는지 직관적으로 알기 어려운 단점이 있다.

● **크기추정척도의 예**

다음 기준 커피의 쓴맛이 100점일 때, 평가하는 시료의 쓴맛을 기준 시료와 비교하여 평가하시오. 만약 처음 시료의 절반이면 50점, 처음 시료의 2배로 쓰다면 200점으로 평가하시오.

기준 커피의 쓴맛   __100__

시료 547   _____

시료 602   _____

---

(5) 특정 용도 평가법

감각검사에는 앞서 설명한 기본 4가지의 척도 외에도 이름이 부여된 고유의 형태와 이름을 가지고 있는 평가척도가 있다. 이러한 척도들도 크게 보면 앞선 4가지 척도에 포함되나, 습관적으로 사용되어 왔기 때문에 별도로 분리하여 제시한다.

① 기호척도

기호척도(hedonic scale)는 제품의 기호도와 선호도를 측정하는 가장 간단한 방법 중 하나이다. 주로 9점 기호척도(9-point hedonic scale)의 형태를 가장 많이 사용하고 있다. 이 방법은 1950년대 군대식품의 기호도 평가를 위해 개발된 것으로 기술방법이 간단하고 사용하기 편리하며, 식품의 선호도를 분석하는 데 사용 가능하다. 오랜 시간 활용되어 왔기 때문에 신뢰도와 타당도가 높고 안정성이 매우 큰 방법으로 입증되었다.

● **기호척도의 예**

이 식품을 맛보았을 때 당신이 느끼는 것을 가장 잘 나타내는 말에 ○ 표시를 하시오.

- 대단히 좋다(like extremely). _____
- 매우 좋다(like very much). _____
- 보통 좋다(like moderately). _____
- 약간 좋다(like slightly). _____
- 좋지도 싫지도 않다(neither like nor dislike). _____
- 약간 싫다(dislike slightly). _____
- 보통 싫다(dislike moderately). _____
- 매우 싫다(dislike very much). _____
- 대단히 싫다(dislike extremely). _____

② 얼굴척도

얼굴척도(face scale)는 어린이와 같이 글을 읽을 수 없거나 용어에 대한 이해도에 제한이 있는 사람을 위하여 고안된 척도로 주로 얼굴이 표현하는 느낌으로 기호도를 측정하기 위해 사용한다. 얼굴은 웃는 얼굴부터 화난 얼굴까지 일련의 표정을 일렬로 제시하여, 얼굴의 표정에 따라서 식품의 기호도를 표기한다. 각 얼굴 표현에 대해서 점수를 부여하여 숫자로 변환하여 통계처리할 수 있다.

● **얼굴척도의 예**

다음 시료를 맛보고 본인의 느낌과 가장 가까운 것에 ○ 표시를 하시오.

대단히 싫다	약간 싫다	좋지도 싫지도 않다	약간 좋다	대단히 좋다
(　　)	(　　)	(　　)	(　　)	(　　)

③ JAR 척도

적당척도라고도 하는 JAR 척도(JAR scale, Just About Right scale)는 대단위의 소비자검사에서 주로 사용하는 척도이다. 척도의 항목은 3개나 5개 정도 사용하고, 각각의 특성을 너무 강하다, 너무 약하다, 적당하다 등의 용어를 사용하여 표기한다. 제품에 대한 소비자들이 가장 선호하는 제품의 특성을 알기 위해 사용하는 척도로 각 평가항목에 해당하는 백분율 지표를 이용하여 분석할 뿐 통계적 처리를 하지는 않는다.

● **JAR 척도의 예**

다음 시료를 맛본 후 각 특성에 해당하는 곳에 표시해 주십시오.

이 시료의 짠맛은

_____ _____ _____ _____

너무 약하다　　약하다　　　적당하다　　　강하다　　너무 강하다

JAR 척도 결과분석의 예　　　　　　　　　　　　　　　　　　　　　　　　　(단위: %)

구분	너무 약하다	약하다	적당하다	강하다	너무 강하다
짠맛	10	30	45	10	5

· 얻을 수 있는 결과: **이 시료의 짠맛은 적당하다고 45%가 평가하였다.**

2) 감각검사 척도의 요건

감각검사에 사용하는 측정도구인 척도는 검사와 연관성이 있으며, 명확하고 이해하기 쉬우면서, 차이 감지에 용이한 언어로 작성되어야 한다. 척도의 용어가 본 검사와 연관성이 높지 않으면 적절한 품질검사를 할 수 없고, 사용된 용어의 이해도가 떨어지면 이로 인한 검사의 오류를 범할 수 있다. 감각검사 측정에 사용한 척도의 항목은 차이 감지를 명확하게 할 수 있도록, 언어로 된 항목척도의 경우는 숫자로 치환하여 함께 병행표기하는 방법을 쓰기도 한다.

　감각검사 척도는 통계분석이 가능해야 한다. 통계분석은 감각검사 측정을 통해서 얻은 결과가 우연히 나온 것인지, 아니면 특정 변인에 의한 유의미한 결과인지 구별할 수 있는

지표가 된다. 예를 들어 시판되는 오렌지주스의 신맛에 대해서 강도 차이를 확인한 감각검사의 경우, 패널들이 신맛의 강도를 숫자로 작성하게 하여 반복하여 실험하였을 때도 실제 그러한 차이가 나타나는지 통계적으로 확인할 수 있다. 감각검사의 경우 통계분석력이 낮은 척도라고 해서 가치가 없는 것은 아니지만, 통계분석력이 낮으면 다루기 어렵고, 척도 사용의 유용성을 가지기 어렵다.

실험 1 명목척도를 이용한 식품의 구별

실험목적 다음 평가항목 중 식빵의 평가에 사용할 수 있는 요소를 고르고 이들 요소를 종류별로 분류한다.

빨간, 덩어리짐성, 신맛, 거침성, 탄내, 부드러움성, 버터 냄새, 조밀함, 끈적함, 부착성, 단맛, 기공 균일성, 반짝임, 곡류향, 유제품 냄새, 점성, 매운맛, 탄력성, 우유 냄새, 저작 균일성, 바삭바삭한, 캐러멜 냄새, 입안 코팅성, 노란, 검성, 수분 흡착, 효모 냄새, 하얀, 찰기, 고소함, 초콜릿 냄새, 씹힘성, 향신료 냄새, 짠맛, 풋내, 쓴맛, 수렴성, 기름진, 부서짐성, 경도, 떫음

재료 식빵 1개

실험방법

① 식빵의 품질평가에 사용할 수 있는 항목요소를 고른다.

② 해당 요소를 하나의 그룹으로 묶어 제시한다.

실험결과

식빵의 품질평가요소	예 노란, 기공 균일성, 우유 냄새, 효모 냄새 등
식빵의 품질평가요소의 분류	예 • 외관: 노란, 기공 균일성 등 • 냄새: 우유 냄새, 효모 냄새 등

실험 2 서수척도를 이용한 식품의 평가

실험목적   다음 탄산음료 4가지를 맛보고 서수척도를 이용하여 탄산음료의 단맛을 평가한다.

시료   탄산음료(A사, B사, C사, D사 4종)

실험방법

① 각 탄산음료를 약 20mL 정도 종이컵에 따르고 난수표를 이용하여 시료의 번호를 부여한다.

② 배열된 시료를 하나씩 맛을 보며 단맛의 정도에 따라 순위를 표기한다.

실험결과

• 탄산음료의 단맛

구분	716	293	630	984
단맛 순위				

※ 1등일수록 단맛이 진함, 4등일수록 단맛이 약함

① 각 항목의 측정값을 기록하고, 조원들과 함께 측정값을 평균을 내어 수치로 기록한다.

② 어떤 탄산음료의 단맛 순위가 가장 높은지 확인한다.

③ 검사결과를 통계처리하여 사용하여 실제 순위의 차이가 유의미한지 확인한다(12장 감각검사별 통계분석 참고).

실험 3 간격척도를 이용한 식품의 평가

실험목적 제시된 시료의 맛을 본 뒤 오렌지주스의 특정 품질에 대한 강도를 선척도에 표시하여 시료 간 특성에 차이가 있는
지를 조사한다.

시료 3종의 오렌지주스

실험방법

① 오렌지주스를 20mL 종이컵에 따른 후 시료를 무작위로 추출된 3자리의 숫자가 적혀 있는 난수표를 이용하여
시료의 이름을 붙인다.

② 순서대로 시료를 제시하고 각각을 맛보며 오렌지주스의 품질에 대한 강도를 선상에 표기한다.

실험결과

① 선상에 표기한 결과는 자를 이용하여 왼쪽 끝에서부터 표기한 구역까지를 측정하여 숫자로 표기한다.

② 각각의 시료의 단맛, 신맛, 전체적인 기호도의 정도를 비교한다.

③ 조원의 실험결과를 모두 모아 실험결과는 분산분석하여 통계처리한다.

오렌지주스의 평가결과 표기

① 자로 측정한 각 항목의 측정값을 기록한다.

② 조원들과 함께 측정값의 평균을 내어 수치로 기록한다.

③ 검사결과를 이용하여 통계 처리하고 실제 표기한 맛의 결과 간에 차이가 유의미한지 확인한다(12장 감각검사
별 통계분석 참고).

구분	단맛	신맛	전체적인 기호도
819			
274			
653			

(계속)

실험 3

오렌지주스의 특성 평가 검사표

검사물의 종류

오렌지주스

검사방법

주어진 시료를 맛보고, 오렌지주스의 단맛, 신맛, 전체적인 기호도 항목에 대해서 느껴지는 정도를 선상에 표기하시오.

⟨819⟩

- 단맛

매우 약하다	보통이다	매우 강하다

- 신맛

매우 약하다	보통이다	매우 강하다

- 전체적인 기호도

매우 좋지 않다	보통이다	매우 좋다

(계속)

실험 3

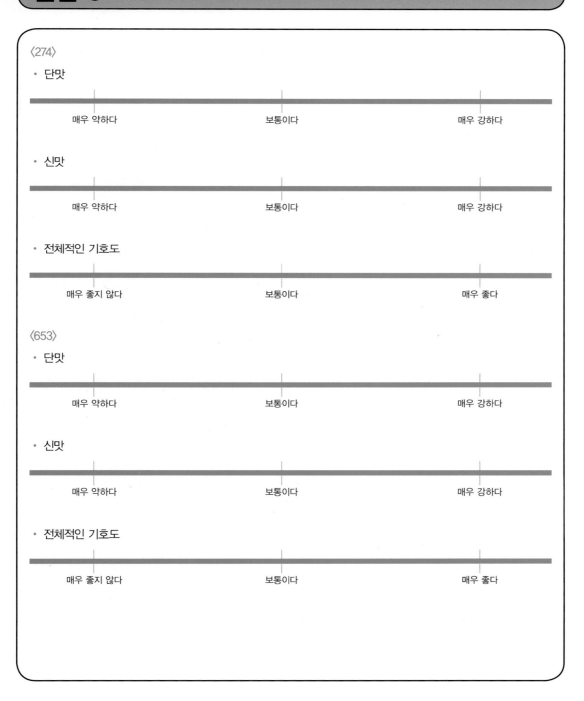

〈274〉

- 단맛

  매우 약하다　　　　　　　　보통이다　　　　　　　　매우 강하다

- 신맛

  매우 약하다　　　　　　　　보통이다　　　　　　　　매우 강하다

- 전체적인 기호도

  매우 좋지 않다　　　　　　　보통이다　　　　　　　　매우 좋다

〈653〉

- 단맛

  매우 약하다　　　　　　　　보통이다　　　　　　　　매우 강하다

- 신맛

  매우 약하다　　　　　　　　보통이다　　　　　　　　매우 강하다

- 전체적인 기호도

  매우 좋지 않다　　　　　　　보통이다　　　　　　　　매우 좋다

실험 4 크기추정척도를 이용한 식품의 평가

실험목적 제시된 양조간장의 짠맛을 기준으로 각 시료의 짠맛 강도가 상대적으로 얼마나 더 강한지 또는 약한지를 비율로 나타낸다.

시료 양조간장(기준시료), 국간장, 양조간장(아미노산 함량에 따라 2가지)

실험방법

① 각 간장은 일정한 크기의 용기에 따라 난수표를 이용하여 시료의 이름을 부여하여 제공한다. 단, 간장의 짠맛이 강해 비교하기 어려울 경우 물과 혼합하여 10% 용액으로 희석하여 한 번 끓인 후 실험에 사용한다.

② 2×2×2cm의 크기로 두부를 절단하여 간장의 평가용 동반식품으로 제공한다.

③ 간장에 두부를 찍어 간장의 짠맛을 크기추정척도에 맞춰 평가한다.

실험결과

기준시료 대비 시료의 짠맛 비율이 어느 정도인지 작성하시오(단, 0이나 음수는 사용할 수 없다).

구분	기준시료(양조간장)	085	538	492
짠맛	100			

※ 기준시료에 대비해서 맛을 본 간장의 짠맛 비율이 절반 정도라고 생각된다면 50이라고 작성하고, 기준시료와 대비해서 2배로 짜다고 생각하면 200이라고 작성한다.

CHAPTER 8
종합적 차이검사

종합적 차이검사

8

종합적 차이검사는 시료 간 어떤 차이가 있는지 알아보기 위하여 실시된다. 종합적 차이검사의 종류에는 삼점검사, 일-이점검사, 단순차이검사, A-부A 검사 등이 있다.

1. 삼점검사

삼점검사는 종합적 차이검사 중에서 가장 많이 사용된다. 이 검사는 2개 시료 간 감각적 차이를 조사하기 위한 것이며, 패널은 3개의 시료를 평가한다. 패널이 우연히 정답을 맞힐 확률은 33.3%이므로, 이점비교검사나 일-이점검사보다 통계적으로 효율적이다.

1) 검사원리
동일한 시료 2개와 서로 다른 시료 1개를 준비하여 총 3개의 시료를 패널에게 제시한다. 패널은 3개의 시료를 평가하고 그중에서 서로 다른 특성을 지닌 시료를 찾는다. 검사가 끝나면 정답 수를 세어 부록 [표 B] '삼점검사의 유의성 검정표'를 근거로 결과를 해석한다.

2) 시료와 검사표의 준비 및 제시
시료에는 부록의 난수표를 사용하여 3자리의 비연속성 숫자를 표시하고, 보통 일렬로 나열해 놓은 시료를 검사표와 함께 동시에 패널에게 제시한다. 시료가 패널에게 제시되는 순서와 위치에 따라 오차가 발생할 수 있으므로, 시료가 제시되는 경우의 수를 조합하여 가능한 한 모두 평가한다.

● 예

시료 A와 B로 삼점검사를 하는 경우, 여섯 가지 조합(ABB, BAB, BBA, BAA, ABA, AAB)으로 준비된 시료를 동일한 횟수만큼 평가한다.

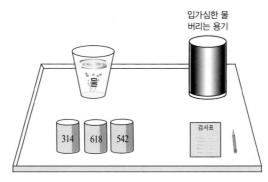

그림 8-1 **삼점검사 시료의 제시**

삼점검사표

이름: 날짜:

검사물의 종류:

다음 검사물을 왼쪽에서 오른쪽으로 맛보시오.
2개는 동일하고 하나는 다른 것인데, 어느 것이 다른 것인지 검사물의 번호를 기입하시오.
추측을 해서라도 다른 하나를 반드시 고르시오.

	검사물번호			다른 검사물
세트 1	_____	_____	_____	_____
세트 2	_____	_____	_____	_____

3) 패널

일반적으로는 20~40명의 패널을 동원하지만, 시료 간 차이가 클 경우에는 12명 정도, 차이가 작을 경우에는 50~100명이 필요하다. 삼점검사 실시 전 시료의 특성과 삼점검사방법에 대한 교육을 실시한다.

4) 검사방법

왼쪽부터 제시된 순서대로 평가한다. 1개 시료를 검사한 후에는 반드시 물로 입을 헹군 뒤다음 시료를 평가한다. 필요하다면 평가를 반복할 수 있다. 만약 시료 간 차이를 인식하기가 어렵다면 짐작을 해서라도 반드시 답을 표시한다.

5) 결과분석 및 해석

패널의 검사표를 회수하고 정답 수를 정리한다. 결과분석은 패널 수를 기준으로 삼는 것이아니라 평가횟수를 기준으로 한다. 한 사람의 패널이 여러 세트의 시료를 평가했다면, 전체응답 수와 정답 수를 계산할 때 특히 신경 쓴다. 전체 응답 수와 정답 수는 부록 [표 B] '삼점검사의 유의성 검정표'와 비교하여 평가결과가 통계적으로 유의성이 있는지 결정한다.

● 예 1

30명의 패널이 평가에 참여할 경우 5%의 유의수준에서 15명이 정답을 표시했다면 통계적으로 유의성이 있다. 실제 실험에서 17명이 정답을 표시했다면, 5% 유의수준에서 통계적으로 유의성이 있다고 결론지을 수 있다. 즉, 두 제품 간에는 통계적으로 유의성이 있는 품질 차이가 있다고 해석한다.

● 예 2

30명의 패널이 2번씩 삼점검사를 실시할 경우, 총 검사 수가 60번이 된다. 따라서 부록의 삼점검사 검정표에서 검사자 수가 60명인 곳을 기준으로 비교해야 한다. 60번 검사했을 경우 5% 유의수준에서 27번 정답이 나오면 통계적으로 유의성이 있다. 실제 실험에서 정답이 25번으로 집계되었다면, 5% 유의수준에서 통계적으로 유의성이 없다고 결론지을 수 있다. 즉, 두 제품 간에는 통계적으로 유의성이 있는 품질 차이가 없다고 해석한다.

---

2. 일-이점검사

일-이점검사는 2개의 시료 중 어느 시료가 기준시료(reference sample)와 동일한가를 알아 내는 검사로, 패널이 비교적 편하게 평가에 임할 수 있다. 이 검사는 패널이 2개 시료 간 존재하는 차이를 신경 쓰지 않고 우연히 정답을 얻을 수 있는 확률이 50%이기 때문에 통계 적으로 삼점검사보다 비효율적이다. 하지만 방법이 간단하고 이해하기 쉽다는 장점이 있다. 이점검사에서는 2개의 시료를 평가하지만, 일-이점검사에서는 3개의 시료를 평가한다.

1) 검사원리
기준시료로 표시된 시료를 먼저 평가한 후 나머지 2개의 시료를 평가한다. 2개의 시료 중 에서 어느 시료가 기준시료와 동일한 것인가를 알아내는 것이다. 검사 후에는 패널의 정 답 수를 세어 부록 [표 C] '이점검사의 유의성 검정표'를 근거로 결과를 해석한다.

2) 시료와 검사표의 준비 및 제시
기준시료에는 '기준'이라는 표시를 하고, 다른 2개의 시료에는 부록 [표 A] '난수표'를 사 용하여 3자리의 비연속성 숫자를 표시한다. 보통 기준시료를 왼쪽에 놓고 약간 간격을 두 고 2개의 시료를 일렬로 나열한다. 시료는 검사표와 동시에 패널에게 제시한다. 시료가 패 널에게 제시되는 순서에 따라 오차가 발생할 수 있으므로, 시료가 제시되는 경우의 수를 조합하여 가능한 한 모두 평가한다.

● 예

시료 A와 B로 일-이점검사를 할 경우, 다음과 같이 시료를 제시한다.

1. 동일 기준시료를 사용할 경우
   R(A) AB, R(A) BA

2. 균형 기준시료를 사용할 경우: A가 기준일 경우와 B가 기준일 경우가 있다.
   • A가 기준시료: R(A) AB, R(A) BA
   • B가 기준시료: R(B) AB, R(B) BA

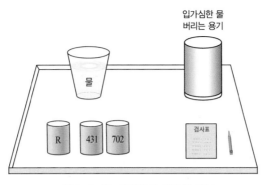

그림 8-2 **일-이점검사 시료의 제시**

3) 패널

최소한 15명의 패널을 동원한다. 패널이 30명 이상이 되면 차이를 식별할 수 있는 가능성
이 높아진다.

4) 검사방법

왼쪽부터 제시된 순서대로 평가한다. 1개 시료를 검사한 후에는 반드시 물로 입을 헹군 뒤
다음 시료를 평가한다. 필요하다면 평가를 반복할 수 있다. 만약 시료 간 차이를 인식하기
가 어렵다면 짐작을 해서라도 반드시 답을 표시한다.

5) 결과분석 및 해석

패널의 검사표를 회수하고 정답 수를 정리한다. 결과분석은 패널 수를 기준으로 삼는 것
이 아니라 평가횟수를 기준으로 한다. 한 사람의 패널이 여러 세트의 시료를 평가했다면,
전체 응답 수와 정답 수를 계산할 때 특히 신경 쓴다. 차이가 없다고 응답한 것을 포함하
지 않는다. 전체 응답 수와 정답 수는 부록 [표 C] '이점검사의 유의성 검정표'와 비교하여
평가결과가 통계적으로 유의성이 있는가를 결정한다.

35명의 패널이 평가했다면 5% 유의수준에서 적어도 23명이 정답을 주어야 시료 간 차이에 유의성이 생긴다. 만약 20명이 정답을 표시했다면, 5% 유의수준에서 통계적으로 유의성이 없다. 즉, 두 제품 간에는 통계적으로 유의성이 있는 품질 차이가 없다고 해석한다.

일−이점검사표

검사물의 종류:

다음 검사물을 왼쪽에서 오른쪽으로 맛보시오.
왼쪽의 것(R)은 기준검사물입니다. 나머지 두 검사물 중 어느 것이 기준검사물과 같은지 번호를 표시하시오.
두 검사물 간에 분명한 차이가 없으면 최대한 추측하여 결정하시오.

	검사물번호		다른 검사물
세트 1	_____	_____	_____
세트 2	_____	_____	_____

3. 단순차이검사

2개 시료 간 차이를 알아내는 방법으로 삼점검사나 일-이점검사가 적합하지 않을 때 사용한다. 즉, 시료의 향미가 강하거나 오래 남을 경우 또는 감각특성의 종류가 복잡해서 패널에게 혼란을 줄 수 있을 경우에는 단순차이검사를 이용한다. 이 검사는 우연히 정답을 얻을 수 있는 확률이 50%이기 때문에 통계적으로는 삼점검사보다 비효율적이다. 하지만 방법이 간단하고 이해하기 쉽다는 장점이 있다. 단순차이검사는 단순이점대비법(simple paired comparison)이라고도 하며 패널이 2개의 시료를 평가한다.

1) 검사원리

2개의 시료를 패널에게 제시하고 2개 시료가 동일한지 아닌지를 묻는다.

2) 시료와 검사표의 준비 및 제시

다른 2개의 시료에는 부록 [표 A] '난수표'를 사용하여 3자리의 비연속성 숫자를 표시한다. 시료의 반은 동일 시료를 쌍으로, 반은 다른 시료를 쌍으로 준비하여 2개의 시료를 일렬로 나열한다. 시료는 검사표와 함께 패널에게 제시한다.

●예

시료 A와 B로 단순차이검사를 할 때 4가지 조합이 가능하다.
- 동일 시료인 경우: AA, BB
- 다른 시료인 경우: AB, BA

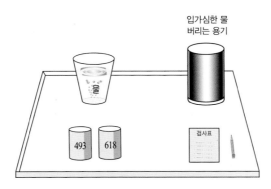

그림 8-3 **단순차이검사 시료의 제시**

3) 패널

4가지 시료의 조합에 대하여 각각 20~50명의 패널이 필요하다. 200명의 패널이 한 쌍씩 평가하거나 100명의 패널이 2쌍씩 또는 20명의 패널이 4쌍씩 평가할 수 있다.

4) 검사방법

왼쪽부터 제시된 순서대로 평가한다. 1개 시료를 검사한 후에는 반드시 물로 입을 헹군 뒤 다음 시료를 평가한다. 필요하다면 평가를 반복할 수 있다. 만약 시료 간 차이를 인식하기가 어렵다면 짐작을 해서라도 반드시 답을 표시한다.

5) 결과분석 및 해석

동일 시료 쌍(AA, BB)을 제공한 경우와 다른 시료 쌍(AB, BA)을 제시한 경우를 분리하여 정답과 오답의 횟수로 나누고 아래 예제의 표와 같이 정리한 다음 χ^2검사를 한다.

● **예**

30명의 패널이 각각 2번씩 동일 시료 쌍과 다른 시료 쌍을 평가하여 60번의 응답을 얻었고 다음과 같은 결과가 나타났다.

응답	동일 짝(AA 또는 BB)	다른 짝(AB 또는 BA)	합계
같다	18	10	28
다르다	12	20	32
합계	30	30	60

$\chi^2 = \Sigma(O - E)^2 / E$(단, O : 응답 수, E : 기대값)

- 응답이 '같다'인 경우: 기대값 $E = 28 \times 30/60 = 14$
- 응답이 '다르다'인 경우: 기대값 $E = 32 \times 30/60 = 16$

$\chi^2 = (18-14)^2 / 14 + (10-14)^2 / 14 + (12-16)^2 / 16 + (20-16)^2 / 16 = 4.29$

실험에서 얻은 결과로 계산한 χ^2 값이 4.29이고, 부록 [표 D]의 'χ^2 – 분포표'에서 자유도(df) 1과 $\alpha = 0.05$에서의 χ^2 값인 3.84보다 크므로 시료 간 통계적으로 유의성이 있는 차이가 있다.

단순차이검사표

이름: 날짜:

검사물의 종류:

제시된 2개의 검사물을 왼쪽 것부터 맛보시오.

2개의 검사물이 같은지, 다른지 평가하여 아래에 √ 표를 하시오.

_____ 2개의 검사물이 같다.

_____ 2개의 검사물이 다르다.

감사합니다.

4. A-부A 검사

두 시료 중 하나가 기준시료로 중요성이 있거나, 패널이 그 시료에 익숙하거나 혹은 이미 사용하고 있는 기존의 제품으로 모든 다른 시료를 비교해야 할 경우 적합한 검사방법이다.

1) 검사원리

우선 A와 A가 아닌(부A) 시료를 제시하여 패널이 시료에 익숙해지도록 한다. 패널이 시료를 충분히 비교할 수 있을 정도로 익숙해졌다면, 시료를 패널에게 제시하여 A인지 또는 부A인지를 평가하도록 한다.

2) 시료와 검사표의 준비 및 제시

다른 2개의 시료에는 부록 [표 A] '난수표'를 사용하여 3자리의 비연속성 숫자를 표시한다. 패널에게는 1개 시료(A 또는 부A), 2개 시료(A와 부A) 또는 연속적으로 10개 시료가 제공될 수 있으며, A와 부A는 같은 수로 제공한다. 시료를 검사표와 함께 동시에 패널에게 제시하고, 검사가 완전히 끝날 때까지 시료에 대한 정보를 패널에게 알려주지 않는다.

A – 부A 검사표

이름: 날짜:

검사물의 종류:

검사를 실시하기 전, 검사물 A와 부A의 맛에 익숙해지도록 여러 번 맛보시오. 검사물을 왼쪽부터 맛보고 검사표에 해당하는 칸에 √표를 하시오.

검사물번호	A	부A		검사물번호	A	부A
1	___	___		6	___	___
2	___	___		7	___	___
3	___	___		8	___	___
4	___	___		9	___	___
5	___	___		10	___	___

감사합니다.

3) 패널

A-부A 검사에는 10~50명의 패널이 필요하다. 패널에게는 각 시료를 20~50번 제시하여 훈련을 시킨다.

4) 검사방법

검사 전 패널이 시료 A와 부A에 익숙해지도록 시료를 여러 번 평가하게 한다. 패널은 왼쪽부터 제시된 순서대로 평가하고, 검사표에 답을 표시한다. 한 시료에 대한 평가가 끝나면 물로 입을 헹구고 1분 후 다음 시료를 평가한다.

5) 결과분석 및 해석

패널에게 제공된 시료 A와 부A에 대하여 A와 부A로 정답을 답한 횟수로 나누어 정리하고 χ^2검사를 한다.

● 예

기존 녹차음료에 쑥을 소량 첨가하여 쑥 첨가 녹차음료를 개발하였다. 기존의 녹차음료와 쑥 첨가 녹차음료의 맛에 차이가 있는가를 알아보기 위하여 A–부A 검사를 실시하였다. 10명의 패널이 각각 10개의 시료에 대하여 검사를 했고, 결과는 다음과 같다.

응답 \ 시료	A	부A	합계
A	33	21	54
부A	17	29	46
합계	50	50	100

$\chi^2 = \Sigma (O - E)^2 / E$ (단, O: 응답 수, E: 기대값)

- A의 기대값 $\quad E = 54 \times 50/100 = 27$
- 부A의 기대값 $\quad E = 46 \times 50/100 = 23$

$\chi = (33–27) / 27 + (21–27) / 27 + (17–23) / 23 + (29–23) / 23 = 5.80$

실험에서 얻은 결과로 계산한 χ 값이 5.80이고, 부록 [표 D]의 χ^2–분포표에서 자유도(df) 1과 $\alpha = 0.05$에서의 χ 값인 3.84보다 크므로 시료 간에 통계적으로 유의성이 있는 차이가 있다.

즉, 쑥 첨가 녹차음료와 기존의 녹차음료는 맛에 차이가 있다.

실험 1 삼점검사

실험목적 2가지 시료가 종합적인 차이를 보이는지 삼점검사법을 통하여 알아본다.

시료 및 기구 2가지 농도의 설탕 용액, 컵

패널 33명

실험방법

① 시료는 각각 무작위로 뽑은 3자리 숫자를 적어놓은 컵에 담아 준비한다.

② AAB, ABA, ABB, BBA, BAB, BAA의 6가지 조합을 동일한 수로 준비한다.

③ 패널 33명에게 2번씩 총 66번의 판정이 이루어지도록 시료를 제시한다.

④ 패널 17번~33번은 아래의 표를 참고로 숫자를 표시한 2세트의 시료를 준비하고, 패널 1번~16번이 먼저 평가에 참여하도록 한다.

⑤ 패널 1번~16번이 같은 방법으로 2세트의 시료를 준비하고, 패널 17번~33번이 검사에 참여하도록 한다.

⑥ 패널은 각 세트의 3가지 시료를 평가하고, 3가지 중에서 다른 시료를 하나 선택하여 검사표에 표시한다.

패널번호	세트 1	세트 2
1~11	314 618 542	801 624 199
12~22	314 542 618	801 199 624
23~33	618 314 542	624 801 199

실험결과

33명 패널의 검사표를 토대로 패널 수와 정답 수를 집계표로 만든다.

시 료	패널 수	정답 수
세트 1	33	
세트 2	33	
합 계	66	

결과분석 및 결론

부록의 표 B에서 패널 수 66명의 정답 수와 실험에서 얻은 정답 수를 비교하여 시료 간 차이에 대한 유의성을 판정한다.

(계속)

실험 1

삼점검사표

이름:

날짜:

시료의 종류:

다음 시료를 왼쪽에서 오른쪽으로 맛보시오.

2개는 동일하고 하나는 다르다.

어느 것이 다른 시료인지 시료의 번호를 기입하시오.

최대한 추측하여 다른 하나를 고르시오.

	시료번호			다른 시료
세트 1	_____	_____	_____	_____
세트 2	_____	_____	_____	_____

실험 2 일-이점검사

실험목적 서로 다른 회사에서 제조한 2개 시료 간 차이 여부를 일-이점검사법으로 검사한다.

시료 및 기구 2가지 초코파이, 접시, 견출지

패널 33명

실험방법

① 검사하고자 하는 2가지 시료는 각각 무작위로 추출한 3자리 숫자로 표시한다.

② R/AB와 R/BA를 동일한 수만큼 제시(R-기준시료)한다.

③ 패널 33명에게 2번씩 총 66번의 판정이 이루어지도록 시료를 제시한다.

④ 패널 17번~33번은 아래의 표를 참고로 숫자를 표시한 2세트의 시료를 준비하고, 패널 1번~16번이 먼저 검사에 참여하도록 한다.

⑤ 패널 1번~16번이 같은 방법으로 2세트의 시료를 준비하고, 패널 17번~33번이 검사에 참여하도록 한다.

⑥ 패널은 먼저 기준시료(R)를 맛보고 난 뒤, 2가지 시료를 검사하고 기준시료와 동일한 것을 선택하여 검사표에 표시한다.

패널번호	세트 1	세트 2
1~16	R/431 701	R/256 308
17~33	R/701 431	R/308 256

실험결과

33명 패널의 검사표를 토대로 패널 수와 정답 수를 집계표로 만든다.

시 료	패널 수	정답 수
세트 1	33	
세트 2	33	
합 계	66	

결과분석 및 결론

부록의 표 C에서 패널 수 66의 정답 수와 실험에서 얻은 정답 수를 비교하여 시료 간 차이에 대한 유의성을 판정한다.

(계속)

실험 2

일–이점검사표

이름:

날짜:

시료의 종류:

다음 시료를 왼쪽에서 오른쪽으로 맛보시오.

왼쪽에 있는 것(R)이 기준시료이다.

나머지 두 시료 중 어느 것이 기준시료와 같은지 해당란에 표시하시오.

두 시료 간에 분명한 차이가 없으면 최대한 추측하여 결정하시오.

	시료번호		기준시료(R)와 같은 것
세트 1	_____	_____	_____
세트 2	_____	_____	_____

CHAPTER 9
특성차이검사

특성차이검사

특성차이검사는 시료 간에 어떤 특성의 차이가 있는지를 조사하기 위한 것이다. 패널은 하나 또는 두 가지의 특성에 관심을 두고 나머지 특성은 무시한 채 평가를 진행한다. 특성차이검 사의 종류에는 이점비교검사, 다시료비교검사, 순위법, 평점법 등이 있다.

1. 이점비교검사

이점비교검사는 두 가지 시료를 대상으로 하여 특성이 강한 것을 선택하게 하는 검사이다. 특성 차이를 알아보는 이점비교검사에는 방향차이검사(directional difference test)가 있는데, 이는 종합적 차이검사에서 사용하는 단순차이검사와는 다르다. 이 검사는 두 시료 간 특정 감각특성이 어떤 방향으로 다른지 알아볼 때 실시한다.

1) 검사원리
패널에게 2개의 시료를 제시하여 평가하게 한다. 시료 간 차이가 없다는 답을 허용할 수도 있고, 허용하지 않을 수도 있다. 차이가 없다는 응답을 허용할 경우에는 결과를 분석할 때, 동일한 응답 수를 똑같이 나누어 분배하거나 무시하는 방법 중 하나를 선택한다.

2) 시료와 검사표의 준비 및 제시

2개의 시료에 3자리 숫자를 표시하여 패널에게 제시한다. 시료는 AB와 BA의 조합이 같은 수만큼 평가될 수 있도록 무작위로 패널에게 제시한다. 패널은 왼쪽 시료부터 오른쪽 시료의 순서로 평가한다.

3) 패널

방향차이검사는 2개의 시료를 평가하는 것으로 검사가 비교적 쉽다. 패널은 검사하려는 시료의 특성을 잘 감지할 수 있으면 되며 특별한 훈련은 필요하지 않다. 단, 시료 간 특성 차이가 미세하거나 매우 중요한 검사라면 고도로 훈련된 패널을 동원해야 한다. 우연히 정답을 맞힐 확률이 50%나 되기 때문에 많은 수의 패널이 필요하다.

4) 검사방법

패널에게 동시에 시료를 제시하고, 왼쪽부터 시작하여 오른쪽의 순서로 평가하게 한다. 시료 수가 적더라도 반드시 평가 중간에 입을 헹구도록 한다.

이점비교검사표

이름:　　　　　　　　　　날짜:

검사물의 종류:

검사하려는 특성: 단단한 정도

제시된 검사물을 왼쪽부터 맛보고, 더 단단한 검사물의 번호를 표시하시오.

차이가 없더라도 추측을 해서라도 답하시오.

	검사물번호		더 단단한 검사물 번호
세트 1	_____	_____	_____
세트 2	_____	_____	_____

감사합니다.

5) 결과분석

패널로부터 검사표를 회수하고 전체 응답 수와 선택한 응답 수를 정리한다. 부록 [표 C] '이점검사의 유의성 검정표'를 이용하여 통계분석을 실시한다.

●예

A라는 기존 커피에 설탕을 첨가하여 쓴맛이 약한 커피 B를 개발하였다. 40명의 패널에게 커피 B가 커피 A보다 쓴맛이 약한지 알아보려는 평가에서 25명의 패널이 커피 B가 커피 A보다 쓴맛이 약하다고 응답했다. 부록에서 검정표를 확인하면, 40명의 패널 중 27명의 응답이 5% 유의수준에서 유의성이 있다. 따라서 검사결과는 통계적으로 유의성이 없다. 즉, 새로 개발한 커피 B가 커피 A보다 쓴맛이 약하다고 할 수 없다.

2. 다시료비교검사

2개 이상의 시료를 평가할 때는 다시료비교검사를 실시한다. 이 방법은 단일 특성에 대하여 두 가지 이상의 시료를 비교할 때 사용한다. 이 검사는 훈련이 잘되어 있지 않은 패널에게 3~6개의 시료를 평가하게 할 경우 유용한 검사이다. 1쌍씩 평가가 진행되므로 패널의 피로가 적어 좋은 결과를 얻을 수 있다. 시료는 특정 특성에 대한 강도의 척도에 따라 배열하거나 시료 간 특성 차이를 숫자로 표시할 수 있다.

1) 검사원리

패널에게 1쌍의 시료를 제시하고, 주어진 특성이 더 강한 것을 알아내도록 한다.

2) 시료와 검사표의 준비 및 제시

A, B, C, D의 4가지 시료를 평가하기 위해서 6쌍(AB, AC, AD, BC, BD, CD)의 시료를 준비한다. 패널이 12명이라면 각 시료의 쌍을 두 세트씩 준비하고 모든 시료에 비연속성의 서로 다른 3자리 숫자를 표시한다.

3) 패널

최소한 10명의 패널이 필요하다. 20명 이상의 패널이 평가하면 차이식별 가능성이 향상된다. 필요할 경우에는 패널이 제시한 특성을 식별할 수 있도록 강도가 다른 시료 쌍으로 패널을 훈련한다.

4) 검사방법

패널은 1번에 1쌍씩 검사한다. 이때 차이가 없다는 답을 할 수 없으며, 비슷한 경우라도 반드시 특성이 더 강한 시료를 표시하도록 한다.

다시료비교검사표

이름: 날짜:

검사물의 종류:

검사하려는 특성: 단맛

첫 번째 쌍의 검사물을 왼쪽부터 맛보고 어느 검사물이 더 단맛이 강한지 해당 검사물의 번호에 √표를 하시오. 같은 요령으로 6쌍의 검사물을 모두 검사하시오.

검사물 쌍의 번호	왼쪽 검사물	오른쪽 검사물	비고
1	_____	_____	_____
2	_____	_____	_____
3	_____	_____	_____
4	_____	_____	_____
5	_____	_____	_____
6	_____	_____	_____

감사합니다.

5) 결과분석

시료의 쌍에 대하여 평가한 순위의 합을 계산하여 결과를 분석한다. 이때 SAS 프로그램을 이용하면 결과를 편하게 분석할 수 있다.

3. 순위법

정해진 한 가지 품질특성에 대하여 3개 이상 시료의 순위를 결정하는 검사이다. 단지 순위만 결정하므로 다른 방법보다 시간이 적게 들고 간단하지만, 시료 간 특성 차이를 알 수 없는 것이 단점이다.

1) 검사원리

준비한 시료세트를 패널에게 제시하고 제시한 특성에 따라 순위를 결정하게 한다.

2) 시료와 검사표의 준비 및 제시

준비한 시료에는 비연속성의 서로 다른 3자리 숫자를 표시하고, 임의의 순서로 일렬로 놓아 동시에 제시한다. 시료를 동시에 제시하기가 어렵다면 연속적으로 제시한다.

3) 패널

보통 8명 이상의 패널이 필요하며, 16명 이상의 패널을 동원하면 차이식별 가능성이 크게 향상된다. 패널이 주어진 특성에 익숙해질 수 있도록 훈련이 필요하다.

4) 검사방법

1차로 시료를 평가하여 주어진 특성을 기준으로 순위를 정해 배열한다. 다시 집중하여 평가하면서 정확한 순위를 결정한다. 특성의 차이가 작아서 순위를 정하기 어렵다면 추측을 해서라도 순위를 결정한다.

순위법검사표

이름: 날짜:

검사물의 종류:

검사하려는 특성: 신맛

제시된 검사물을 왼쪽부터 맛보시오.

신맛이 가장 강한 것은 1위, 두 번째로 강한 것은 2위, 신맛이 가장 약한 것은 3위로 정하고 해당되는 검
사물의 번호를 적으시오.

순위	1	2	3
세트 1	_____	_____	_____
세트 2	_____	_____	_____

감사합니다.

5) 결과분석

시료별 순위 합계를 계산한 뒤 부록 [표 F-1] '순위법의 유의성 검정표'를 이용하여 최소-
최대 비유의적 순위합으로 유의성을 검정하거나, 부록 [표 F-3] 'Basker(1988)에 의한 순위
법 유의성 검정표'를 이용하여 결과를 분석한다.

실험 제조회사가 다른 4가지 오렌지주스의 신맛 강도에 차이가 있는지 순위법으로 검사하였다. 다음의 표 9-1은 48명의 패널이 평가한 결과를 정리한 것이다. 순위법의 최소-최대 비유의적 순위합과 Basker의 순위법 유의성 검정에 의한 결과분석은 다음과 같다.

표 9-1 **4가지 시료에 대한 순위결과**

패 널	검사물			
	A	B	C	D
1	3	1	4	2
2	3	2	4	1
3	3	1	2	4
4	3	1	4	2
5	4	2	3	1
6	3	1	4	2
⋮	⋮	⋮	⋮	⋮
47	4	1	2	3
48	4	2	3	1
순위 합계	135	101	137	105

1) 최소-최대 비유의적 순위합에 의한 결과분석

① 표 9-1을 보면 48명의 패널이 4가지 시료를 순위법으로 평가한 결과 각 시료의 순위 합계는 A가 135, B가 101, C가 137, D가 105이다.

② 부록의 [표 F-1]을 살펴보면, 반복 수(패널 수 혹은 총 평가 수) 48과 처리 수(시료 수) 4에 해당하는 최소 및 최대 비유의적 순위 합계는 5% 유의수준에서 103~137이다.

③ 표 9-1에서 각 시료 간의 순위 합계 범위를 살펴보면, 시료 A와 B는 101~135, A와 C는 135~137, A와 D는 105~135, B와 C는 101~137, B와 D는 101~105, C와 D는 105~137이다.

④ 기준 범위인 103~137을 벗어나는 경우는 순위 합계 범위가 101~137인 B와 C로, 오렌
지주스 B와 C는 신맛에 유의적 차이가 있다고 할 수 있다.

2) Basker의 순위합 차이값에 의한 결과분석

① 표 9-1을 보면 48명의 패널이 4가지 시료를 순위법으로 평가한 결과 각 시료의 순위
합계는 A가 135, B가 101, C가 137, D가 105이다.

② 부록 [표 F-3] 'Basker(1988)에 의한 순위법 유의성 검정표'를 살펴보면, 패널 수 48과
제품 수 4에 해당하는 값은 5% 유의수준에서 32.5이다.

③ 시료의 순위 합계가 큰 것과 작은 것의 차이를 알아보기 위하여 두 시료 간 순위 합계
차이를 다음과 같이 계산한다.

$$C-A = 137-135 = 2$$
$$C-D = 137-105 = 32$$
$$C-B = 137-101 = 36$$
$$A-D = 135-105 = 30$$
$$A-B = 135-101 = 34$$
$$D-B = 105-101 = 4$$

④ 시료 간 순위 합계의 차이값이 32.5보다 큰 경우는 시료 A와 B 그리고 시료 B와 C이다.
따라서 오렌지주스 A와 B 그리고 B와 C의 신맛에 차이가 있다고 볼 수 있다.

4. 평점법

평점법은 정해진 특성강도에 대한 3개 이상의 시료를 평가한다는 점에서 순위법과 유사
한 방법이다. 하지만 순위법은 시료 간 특성 차이를 알 수 없다는 단점이 있으며 평점법은
이와 같은 단점을 보완할 수 있는 검사방법이다. 즉, 평점법이란 주어진 척도를 사용하여

특성의 강도에 따라 점수로 표시하는 것이다.

1) 검사원리
준비한 시료세트를 패널에게 제시하고 특정한 특성에 따라 점수를 표기하도록 한다.

2) 시료와 검사표의 준비 및 제시
시료에는 비연속성의 서로 다른 3자리 숫자를 표시하고, 임의의 순서로 일렬로 놓아 준비된 시료세트를 동시에 또는 여러 번으로 나누어 제시한다. 패널에게 제시되는 모든 시료에는 다른 번호를 표시한다.

3) 패널
보통 8명 이상의 패널이 필요하며, 패널들이 주어진 특성에 익숙해질 수 있도록 훈련이 필요하다.

4) 검사방법
여러 개의 시료를 평가하여 점수로 표기해야 하므로, 패널은 순위법보다 더 평가에 집중해야 한다. 하지만 특성의 강도를 점수로 나타내기 때문에, 시료 간 특성의 차이를 더 정확하게 알아낼 수 있다. 시료 간에 특성 차이가 작아서 결정하기 어렵더라도 여러 번 반복하면서 평가하도록 한다. 같은 시료에 대하여 평가할 특성이 2가지 이상이더라도 패널에게 동시에 평가할 것을 요구하지 않는다. 각 특성을 분리하여 평가해야 특성 간 상호관련성으로 인한 오류를 막을 수 있다.

평점법검사표

이름: 날짜:

검사물의 종류:

검사하려는 특성: 단맛

제시된 검사물을 왼쪽 것부터 맛보고 단맛의 강도를 평가하시오.

각 검사물에 대하여 아래의 척도를 사용하여 점수를 표기하시오.

0~1	감지 불가능하다.
2~3	약하게 감지할 수 있다.
4~5	보통 정도로 감지할 수 있다.
6~7	강하게 감지할 수 있다.
8~9	매우 강하게 감지할 수 있다.

시료번호: _____ _____ _____ _____ _____

점   수: _____ _____ _____ _____ _____

5) 결과분석

패널별로 각 시료에 대한 평가점수를 정리한 표를 완성한다. 패널과 시료별 점수 합계를 계산한 뒤 분산분석방법으로 유의성을 검정한다.

평점법에 의한 평가 및 분산분석방법

1) **검사원리:** 초코파이 세 종류의 단맛이 어떤 차이가 있는가를 평점법을 사용하여 조사한다.

2) 검사시료: 초코파이(814, 359, 275)

3) 검사방법: 18명의 패널이 세 종류의 초코파이를 0~9점 척도를 사용하여 평가한다.

4) 결과 및 통계분석

⑴ 패널 18명이 3개 시료에 대해 평가한 점수를 표 9-2와 같이 정리한다.

표 9-2 **평점법에 의한 평가결과표**

패 널	시 료 번 호			합 계
	814	359	275	
1	6	4	5	15.0
2	5	4	3	12.0
3	3	4	5	12.0
4	8	6	7	21.0
5	8	9	6	23.0
6	4	3	3	10.0
7	4	7	3	14.0
8	6	4	5	15.0
9	5	4	5	14.0
10	6	5	3	14.0
11	4	5	3	12.0
12	6	6	4	16.0
13	6	7	5	18.0
14	6	3	5	14.0
15	6	5	4	15.0
16	4	6	5	15.0
17	5	4	4	13.0
18	3	6	4	13.0
합 계	95.0	92.0	79.0	266.0

⑵ 초코파이의 단맛 차이에 대한 평가결과를 토대로 분산분석표를 표 9-3과 같이 만든다.

표 9-3 초코파이 단맛 차이에 대한 분산분석표

변 인	자유도	제곱합	평균제곱	F값
처리(시료)				
패 널				
오 차				
총 계				

(3) 표 9-2에 있는 평가결과표를 토대로 자유도·제곱합·평균제곱·F값을 계산하고, 표 9-3의 해당 항목에 그 값을 채워 넣어 분산분석표를 완성한다. 자유도·제곱합·평균제곱·F값은 다음과 같은 방법으로 계산한다.

① **자유도**

- 시료 간 자유도 = 시료 수 - 1 = 3-1 = 2
- 패널 간 자유도 = 패널 수 - 1 = 18 - 1 = 17
- 오차의 자유도 = 총자유도 - (시료 간 자유도 + 패널 간 자유도)

$$= 53 - (2 + 17) = 34$$

- 총자유도 = 총검사횟수 - 1 = (18 × 3) - 1 = 53

② **제곱합**

- 수정계수(CF, Correction Factor) = (총합계)^2/ 총검사횟수

$$= (266)^2 / 54 = 1310.3$$

- 시료 간 제곱합 = (각 시료에 대한 합의 제곱의 합 / 각 시료에 대한 검사횟수) - CF

$$= \{(95.0^2 + 92.0^2 + 79.0^2) / 18\} - 1310.3$$

$$= 1318.3 - 1310.3 = 8.0$$

- 패널 간 제곱합 = (각 시료에 대한 합의 제곱의 합 / 각 패널에 대한 검사횟수) - CF

$$= \{(15^2 + 12^2 \cdots + 13^2) / 3\} - 1310.3$$

$$= 1368 - 1310.3 = 57.7$$

- 총제곱합 = (검사에서 얻은 모든 값에 대해 각각의 값을 제곱하여 얻은 값) - CF

$$= (6^2 + 5^2 \cdots + 3^2 + 4^2 \cdots + 6^2 + 5^2 \cdots + 4^2) - 1310.3$$

$$= 1418 - 1310.3 = 107.7$$

- 오차의 제곱합 = 총제곱합 - (시료 간 제곱합 + 패널 간 제곱합)

$$= 107.7 - (8.0 + 57.7)$$

$$= 107.7 - 65.7 = 42.0$$

③ 평균제곱

- 시료 간 평균제곱 = 시료 간 제곱합 / 시료 간 자유도

$$= 8.0 / 2 = 4.0$$

- 패널 간 평균제곱 = 패널 간 제곱합 / 패널 간 자유도

$$= 57.7 / 17 = 3.39$$

- 오차의 평균제곱 = 오차의 제곱합 / 오차의 자유도

$$= 42 / 34 = 1.24$$

④ F값(분산비)

- 시료 간 F값 = 시료 간 평균제곱 / 오차의 평균제곱

$$= 4.0 / 1.24 = 3.23$$

- 패널 간 F값 = 패널 간 평균제곱 / 오차의 평균제곱

$$= 3.39 / 1.24 = 2.73$$

(4) 앞에서 계산한 시료 수와 패널에 대한 자유도·제곱합·평균제곱·F값을 표 9-3에 채워 넣어 표 9-4와 같이 분산분석표를 완성한다.

표 9-4 **초코파이 단맛에 대한 분산분석표**

변 인	자유도	제곱합	평균제곱	F값
처리(시료)	2	8.0	4.00	3.23
패 널	17	57.7	3.39	2.73
오 차	34	42.0	1.24	
총 계	53	107.7		

5) 결과에 대한 판정

초코파이 단맛의 차이에 대한 통계적 유의성은 다음과 같은 방법으로 판정한다.

(1) 부록의 [표 G]에서 기준이 되는 $F_{\nu1, \nu2, \alpha}$ 값을 다음과 같은 방법으로 찾는다.

> **기준이 되는 F값**
>
> - 시료의 자유도(ν_1, 2)
> - 오차의 자유도(ν_2, 34)
> - 유의도·α값(5%, 0.05)
> - $F_{\nu1, \nu2, \alpha} = F_{2, 34, 0.05} = 3.27$

(2) 실험에서 얻은 F값과 기준이 되는 F값을 비교하여 유의성을 판정한다. 즉, 실험에서 얻은 F값이 기준이 되는 F값보다 클 경우에 시료 간에 특성 차이가 있다고 판정한다.

6) 결론

본 실험에서 평가결과를 토대로 계산하여 얻은 시료의 F값인 3.23은 기준이 되는 F값인 3.27보다 작다. 따라서 유의수준 5%에서 제조회사가 다른 세 종류의 초코파이는 단맛에 통계적으로 유의한 차이가 없다고 판정한다.

실험 1 이점비교검사

실험목적   서로 다른 회사에서 제조된 식품의 단단한 정도를 비교하고자 한다.

시료 및 기구   두부, 접시, 포크

패널   24명

실험방법

① 무작위로 추출된 3자리 숫자를 시료에 표시한다.

② 24명의 패널이 2번씩 총 48회 검사한다.

③ 패널번호 13~24가 두 세트의 시료를 아래의 표를 참고로 접시에 준비하고, 패널번호 1~12는 시료를 검사한다.

④ 패널번호 1~12가 두 세트의 시료를 아래의 표를 참고로 접시에 준비하고, 패널번호 13~24는 시료를 검사한다.

패널번호	세트 1	세트 2
1~12	431 856	856 431
13~24	856 431	431 856

⑤ 패널은 각 세트의 두 시료 중 어느 것이 더 단단한지를 검사하고, 검사표에 표시한다.

실험결과

24명 패널의 검사표를 토대로 더 단단하다고 표시한 응답 수를 집계한다.

시료번호	431	856
더 단단한 시료		

결과분석 및 결론

부록의 표 C에서 패널수 48에 해당하는 값을 찾고, 실험에서 얻은 값을 비교하여 두 시료 중 더 단단한 시료가 있는지를 판정한다.

(계속)

실험 1

이점비교검사표

이름:

날짜:

시료의 종류:

주어진 시료를 왼쪽에서 오른쪽으로 맛보고, 더 단단한 시료의 번호를 표시하시오.

만약 차이가 없으면 추측해서라도 답하시오.

	시료번호	어느 쪽이 더 단단한가?
세트 1	_____ _____	_____
세트 2	_____ _____	_____

실험 2 순위법

실험목적   제조회사가 다른 오렌지주스의 신맛이라는 특성에 차이가 있는지를 순위법을 사용하여 검사하고자 한다.

시료 및 기구   3가지 오렌지주스, 컵

패널   48명

실험방법

① 시료를 무작위로 추출된 3자리 숫자가 적혀 있는 외견상 같은 용기, 같은 위치에 같은 횟수만큼 위치할 수 있 도록 제시한다.

② 48명의 패널이 총 48회 검사한다.

③ 아래 표에 따라 패널은 자신의 번호에 적합하도록 해당 번호의 시료를 준비한다.

			패널번호						시료번호	
1	7	13	19	25	31	37	43	515	669	804
2	8	14	20	26	32	38	44	515	804	669
3	9	15	21	27	33	39	45	669	515	804
4	10	16	22	28	34	40	46	669	804	515
5	11	17	23	29	35	41	47	804	669	515
6	12	18	24	30	36	42	48	804	515	669

④ 패널은 3가지 시료의 신맛 정도에 따라 순위를 결정하고 검사표에 표시한다.

실험결과

48명 패널이 3가지 시료에 표시한 순위의 결과를 표 9-1을 참고하여 정리한다.

패널번호	515	669	804
1			
2			
3			
· · ·	· · ·	· · ·	· · ·
48			
순위 합계			

(계속)

실험 2

결과분석 및 결론

아래의 방법 중에서 하나를 선택하여 결과를 분석한다.

① 부록의 표 F−1에서 시료 수(처리 수) 3과 반복 수(패널 수) 48에 해당하는 최소 및 최대 비유의적 순위 합계를 찾아 어떤 시료 간에 신맛에 차이가 있는지를 판정한다.

② 부록의 표 F−3에서 제품 수(시료 수) 3과 반복 수(패널 수) 48에 해당하는 순위 합계의 차이값을 찾아 어떤 시료 간 신맛에 차이가 있는지를 판정한다.

순위법검사표

이름:

날짜:

검사물의 종류

오렌지주스

검사방법

주어진 시료를 맛보고,

신맛이 가장 강한 시료는 1위,

두 번째로 강한 시료는 2위,

신맛이 가장 약한 시료를 3위로 정하고

해당되는 시료의 번호를 적으시오.

순위   1   2   3

검사물번호   _____ _____ _____

실험 3 평점법

실험목적　제시된 시료의 맛을 본 뒤 쓴맛의 강도를 점수로 표시하여 시료 간 특성에 차이가 있는지 조사한다.

시료 및 기구　3가지 종류의 초콜릿, 접시

패널　48명

실험방법

① 시료는 각각 무작위로 뽑은 3자리 숫자를 표시한다.

② 48명의 패널이 총 48회 검사한다.

③ 아래 표에 따라 패널은 자신의 번호에 적합하도록 해당 번호의 시료를 준비한다.

패널번호								시료번호		
1	7	13	19	25	31	37	43	314	618	542
2	8	14	20	26	32	38	44	314	542	618
3	9	15	21	27	33	39	45	618	314	542
4	10	16	22	28	34	40	46	618	542	314
5	11	17	23	29	35	41	47	542	314	618
6	12	18	24	30	36	42	48	542	618	314

④ 패널은 3가지 시료의 쓴맛 정도를 숫자로 검사표에 표시한다.

⑤ 쓴맛의 강도가 '매우 약하면' 1점, '약하면' 2점, '보통이면' 3점, '강하면' 4점, '매우 강하면' 5점을 부여한다.

실험결과

48명 패널의 실험결과를 표 9-2를 참고하여 표로 정리한다.

결과분석 및 결론

본문에 평점법 결과를 통계분석하는 방법이 자세히 설명되어 있다. 설명을 참고하여 본 실험결과를 분산분석하도록 한다.

CHAPTER 10
묘사분석

묘사분석

차이검사는 시료 간의 차이를 검출하고 기호검사는 시료의 기호도에 관한 정보를 주지만, 묘사분석은 앞의 두 가지 방법으로 설명할 수 없는 시료의 특성을 용어로 표현하는 것이다. 따라서 시료의 다양한 감각적 속성을 설명하는 용어는 묘사분석의 중요 인자이다.

1. 묘사분석의 정의

묘사분석이란 제품에서 느껴지는 감각적 특성을 느끼는 순서대로 특정 어휘를 동원하여 서술하는 평가법이라고 할 수 있다. 즉, 시각, 청각, 미각, 후각, 촉각과 근육(kinesthetic)을 통하여 감지되는 모든 감각적 묘사를 말한다.

묘사분석은 보통 패널이 느끼는 반응을 묘사한 용어를 채점표에 서술하게 하거나 점수로 나타내게 한다. 패널이 느끼는 시료의 각 특성을 폭넓게 서술하고 패널은 채점표에 있는 각 항목에 대해 용어와 점수를 선택한다. 따라서 연구자들은 해당 시료의 특성을 잘 묘사할 수 있는 적합한 어휘를 잘 나타낼 수 있어야 한다.

묘사분석은 감각검사방법 중에 가장 복잡한 방법이며 그 결과는 제품의 감각적 특성을 묘사하고 제품의 기호에 중요한 특성을 결정하는 기초 자료가 된다. 또한 특정 원료와 가공 조건이 제품의 특성을 어떻게 변화시켰는지를 알아내는 데도 도움이 된다. 제품 개발 시에도 묘사 정보는 제품의 변수 및 개발에 중요한 역할을 한다. 이런 이유 때문에 기업에서는 묘사분석을 이용하는 데 관심이 많고**표 10-1**, 이에 관한 방법도 여러 가지 연구를 통해 보고되고 있다.

표 10-1 **묘사분석의 이용**

목 적	이용 방향
기기분석 결과의 해석	감각지각 정의, 기기측정 결과 설명
다른 감각검사 결과의 해석	• 차이식별: 배합비 또는 공정 조절 • 선호조사: 예측결과가 나오지 않을 때 묘사분석 시행
제품연구의 방향 제시	• 목표 제품의 감각기준 설정 • 제품개발의 진전 상황 탐지(목표 제품과 비교)
품질관리의 수단	제품규격으로부터의 변동, 문제해결

2. 묘사분석 용어

묘사분석의 중요한 목적은 제품에 관해 감지되는 감각적 특성을 객관적으로 묘사하는 데 있다. 따라서 용어는 평가의 정확성과 결과의 유용성을 결정하는 가장 중요한 요소이므로 제품에 적합한 용어를 선정하는 일은 아주 중요하다. 용어는 패널의 감지 정도에 큰 영향을 준다. 즉, 용어가 적절하면 정확도와 객관성을 증진할 수 있지만, 그렇지 못한 경우에는 패널이 없는 특성을 감지하거나 따로따로 구분하여 감지해야 할 기본적 특성을 느끼지 못하게 된다.

묘사분석에 사용되는 용어는 다음과 같은 조건을 가지고 있어야 한다.

> • 식품의 차이를 잘 구별할 수 있고 타인의 느낌을 공유할 수 있는 것이어야 한다.
> • 보편적으로 어느 목적물을 잘 묘사하면 그 묘사에 의하여 목적물을 감지할 수 있게 된다.
> • 묘사분석에 사용되는 용어는 패널이 그 특성을 감지할 수 있어야 하고, 서로 이해할 수 있는 언어여야 한다.

제품의 감각적 특성을 묘사할 수 있는 용어를 만들 때 유의해야 할 점은 다음과 같다.

- 용어는 서로 공통성(연관성)이 없어야 한다.
- 용어는 기존 식품의 기본적 특성에 기초를 두어야 한다.
- 용어는 시료를 폭넓게 포용할 수 있어야 한다.
- 용어는 정확하게 정의되어야 한다.

다음 표 10-2는 식품의 외관, 향미, 텍스처를 표현하는 데 사용하는 일반적인 용어에 관한 설명이다.

표 10-2 **묘사분석 용어**

외관에 관한 용어		향미에 관한 용어(제빵류)		텍스처에 관한 용어	
색	특성: 빨간/노란	향	곡류향: 생, 익힌, 구운	표면	거침성: 부드러운/거친
	강도: 연한/진한		곡류와 관련된 향: 풋내, 건초 냄새, 풀 냄새, 구운 보리 냄새		분리된 조각: 전혀 없음/많은
	밝기: 흐린/밝은				건조도: 기름진/건조한
	분산도: 고르지 않은/고른		유제품 냄새: 유제품 냄새, 우유 냄새, 버터 냄새, 치즈 냄새	처음 깨묾	부서짐성: 잘 부서지는/부서지지 않는
농도	농도: 묽은/된		기타 가공특성: 캐러멜 냄새, 탄내		경도: 부드러운/강한
	거침성: 부드러운/거친		첨가물 냄새: 콩내, 초콜릿 냄새, 향신료 냄새, 효모 냄새		입자 크기: 작은/큰
				처음 씹음	조밀도: 기공이 많은/조밀한
	입자의 상호작용: 끈적하지 않은/끈적한		쇼트닝 냄새: 버터 냄새, 기름 냄새, 라드 냄새, 수지 냄새		저작의 균일도: 불균일/균일
					수분 흡착: 전혀 없음/많음
크기/모양	크기: 작은/큰		기타 냄새: 비타민 냄새, 골판 냄새, 섞은 냄새, 메르캅탄 냄새	삼킴	파쇄형태 덩어리의 응집성: 느슨한/응집성의
	모양: 여러 가지 모양	맛	단맛: 당이나 기타 감미료에 의한 맛		모래 같음: 없음/많음
	균일도: 일정하지 않은/균일한 조각		신맛: 산에 의해 느껴지는 맛		기름성: 마른/기름진
			짠맛: 소듐의 염 등에 의해 느껴지는 맛		입자: 없음/많음
표면의 광택	둔한/반짝이는		쓴맛: 퀴닌, 카페인에 의해 느껴지는 맛	잔존물	백악질: 백악질이 아님/아주 백악질의
		화학적 느낌	수렴성: 탄닌이나 알룸 같은 물질에 의한 혀의 수축		
			매운맛: 캡사이신이나 피페린에 의한 타는 듯한 느낌		
			냉량감: 멘톨과 민트에 의한 입과 코의 차가운 느낌		

3. 향미프로필

1) 특성

향미프로필(flavor profile)은 처음에는 조리된 식품의 조미기작을 설명하면서 시작되었고, 그 후 향미의 개발에 가장 효과적인 지침이 되었다. 이 방법은 나쁜 냄새를 억제하는 방법을 개발하는 데도 효과적이다.

다른 방법으로는 향미 개발에 필요한 자세한 분석적 정보를 얻을 수 없지만 향미프로필은 이런 정보를 제공할 수 있기 때문에 관심이 점점 높아지고 있다.

식품의 향미는 식품의 화학적 성분이 입과 코를 자극하여 느껴지며, 향미 감각에 대해 개인이 느끼는 감지능력은 매우 다양하다. 그런데 식품의 향미 중 사람이 감지할 수 있는 것은 몇 가지뿐이고, 많은 향미 성분을 사람들이 감지하지 못하고 있다 표 10-2. 향미프로필은 전체적 향미와 감지할 수 있는 향미 성분을 평가하여 평가결과를 크기로 나타내거나 용어로 표시한다.

향미프로필의 기록표에는 향과 맛을 따로 표시하는데, 이때 감지되는 자극, 각 자극의 강도, 각 자극의 감지되는 순서, 후미(after taste), 전체적인 인상 등을 기록한다.

2) 강도

각 특성이 감지되는 정도를 강도(intensity)라고 부르며, 이것은 양적인 의미를 갖는다(자세한 내용은 Chapter 7 참고). 패널이 느끼는 감각의 강도는 숫자, 형용사, 선 등을 이용하여 여러 가지 척도로 표현할 수 있다.

(1) 범주척도

범주척도(category scale)는 일정한 간격으로 된 숫자와 형용사로 구성되어 있다. 향미프로필에서는 수치범주척도(numerical category scale)에 형용사를 연결하여 사용하는데, 예를 들면 다음과 같다 표 10-3.

표 10-3 범주척도의 예

숫 자	0 / 1 / 2 / 3 / 4 / 5 / 6 / 7 / 8 / 9 / 10
형용사	없는(none) / 겨우 느낄 수 있는(just detectable) / 아주 적은(very slight) / 적은(slight) / 적은-중간 (slight-moderate) / 중간(moderate) / 중간-강한(moderate-strong) / 강한(strong)
그 외	0 = not present)(= just recognizable or threshold 1 or + = slight 2 or ++ = moderate 3 or +++ = strong

(2) 선형구간척도

선형구간척도(linear interval scale)는 인치(inch)나 cm로 주어진 직선상에 강도를 표시하는 방법으로, 정량묘사분석(quantitative descriptive analysis method)에서는 6인치 선형척도를 사용한다. 아래 그림은 패널이 느끼는 프로필을 선에 표시하거나 도형의 공간에 해당 특성의 크기를 면적으로 나타내는 방식을 예로 나타낸 것이다.

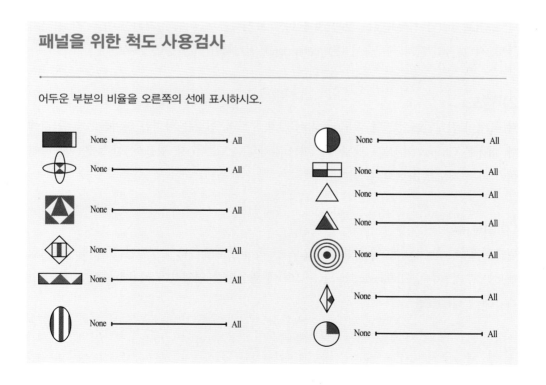

(3) 크기 측정

크기 측정(magnitude estimation)은 비율척도로, 표준시료의 한 특성에 양을 나타내는 숫자를 지정하고, 다른 시료의 동일한 특성에 대해 표준시료의 숫자에 비례하는 숫자를 주어 비교하는 방법이다. 예를 들면, 어느 패널이 신선한 사과주스의 단맛에 10이라는 숫자를 지정하고(표준시료의 단맛), 탄산 사과음료의 단맛에 20이라는 숫자를 지정했다면, 탄산 사과음료는 신선한 사과주스와 비교하여 2배의 단맛을 갖고 있다는 것을 의미한다. 따라서 이 경우 신선한 사과주스의 단맛 10은 이와 유사한 모든 다른 시료의 단맛을 비교하는 기초가 된다 그림 10-1.

사과주스의 단맛   탄산 사과주스의 단맛

그림 10-1 **크기 측정의 예**

3) 감지순서와 후미

향과 맛이 감지되는 데에는 순서가 있다. 어떤 경우에는 시료 간에 향미의 강도는 같으나 감지되는 순서가 달라 차이를 나타낼 수도 있다. 만약 너무 많은 특성이 동시에 감지되어 감지순서를 정하기가 어려울 경우에는 이를 묶어서 초기, 중간, 후기에 감지되는 것으로 분류할 수도 있다.

후미(after taste)는 시료를 삼킨 후에도 남아 있는 향미를 말한다. 보통 시료를 삼키고 나면 1가지 또는 2가지의 인상이 남게 되며, 패널은 이것을 감지하여 기록하고 향미프로필이 끝난 다음 이에 관하여 토론한다.

4) 검사방법

(1) 검사 패널

묘사분석은 4명 이상의 경험이 있거나 훈련된 패널을 이용하며, 검사는 표준방법에 따라 정신을 집중할 수 있는 조건에서 진행한다. 패널이 정상적인 기능을 발휘하는 데에는 시간적인 여유가 있어야 하고 평가를 위한 공간 그리고 평가를 잘할 수 있는 환경이 필수적이다. 또한 냄새와 맛을 보는 데 고도로 표준화된 기술을 사용하고, 시료 준비와 제시를 할 때는 표준방법을 따라야 한다. 이 일에 참여하는 패널은 정신적·육체적으로 결함이 없으며, 감각검사에 흥미를 가지고 있고 냄새와 맛을 보는 능력이 정상적이어야 한다. 패널 선정을 위해 표 10-4와 같은 기본 테스트를 함으로써, 패널에 대한 기본 정보를 조사하여야 한다.

표 10-4 **향미프로필 패널의 선발을 위한 테스트**

테스트	특 성
기본 맛 검사	2% 설탕, 0.07% 구연산, 0.2% 소금용액, 0.07% 카페인으로 기본 맛 감지능력 검사
냄새 감지 검사	odorant 일정량을 맡게 하여 감지에 15cc 이상이 필요하면 패널로서는 무자격
일련의 냄새 감지	20개의 방향물질로 15분 안에 맡게 하여 점수를 매겨 합격 여부 판정
패널 인터뷰	후보자의 성향, 흥미, 개성, 경험 등을 평가

(2) 예비교육

향미프로필 패널은 상당 기간의 교육이 필요하다. 교육 정도는 패널의 경험이나 훈련 정도에 따라 다르며, 감각검사 대상품목의 종류와 수에 따라서도 달라질 수 있다. 패널이 선정되면 패널지도자는 연구사업의 목적을 설명하고, 감각검사를 의뢰한 사람과 패널 간의 연락인 역할을 하며 경험이 많은 패널에게도 교육을 해야 한다.

일반적으로 시료의 준비와 제시에 적당한 조건은 패널지도자가 결정하며, 시료의 온도, 사용 용기, 검사할 시료의 양 등은 전체 패널의 교육을 실시하는 중에 최종적으로 결정한다. 이때 향과 맛의 특성을 묘사할 용어를 개발하고 냄새와 맛 등 지각되는 향미특성을 용어에 따라 묘사하며, 이 결과를 비슷한 특성을 가진 다른 제품의 묘사결과와 비교한다. 개개인의 평가가 끝나면 패널이 원형 탁자에 앉아 개인별 평가결과를 재음미하여 특성에 대한 정의를 내린다.

향미 패널을 위한 예비조사

- **개인정보**
1. 이름:
2. 주소:
3. 전화번호:
4. 어떤 그룹을 통해 이 프로그램에 대해 알게 되었나?

- **시간**
1. 주중에 교육이 가능하지 않은 날이 있는가?
2. 7월 1일에서 9월 30일까지 몇 주간 휴가를 계획하고 있는가?

- **건강상 문제**
1. 다음 중에 어떤 병을 가지고 있는가: 충치, 당뇨병, 구강문제, 저혈당증, 식품 알레르기, 고혈압
2. 감각에 영향을 주는 약을 복용하고 있는가(특히 맛과 냄새에서)?

- **식습관**
1. 현재 제한된 식이를 하고 있는가? 있다면 어떻게 하고 있는지 설명하라.
2. 한 달에 외식은 얼마나 하는가?
3. 한 달에 몇 번 패스트푸드를 먹는가?
4. 한 달에 몇 번 냉동식품을 먹는가?
5. 당신이 좋아하는 음식은?
6. 가장 싫어하는 음식은?
7. 먹지 못하는 음식은?
8. 먹기 싫은 음식은?
9. 냄새와 맛을 구분하는 능력은 어느 정도인가? 평균 이상, 평균, 평균 이하로 표시하라.
10. 당신의 가족 중 식품회사에서 근무하는 사람이 있는가?
11. 당신의 가족 중 광고회사나 시장조사업체에서 일하는 사람이 있는가?

(계속)

- **향미퀴즈**
1. 레시피에서 타임이 필요한데 그것이 없다면 무엇으로 대체할 것인가?
2. 요구르트 같은 맛을 내는 식품에는 어떤 것이 있는가?
3. 왜 사람들은 커피를 풍부하게 하기 위해 그레이비(gravy)를 넣으라고 제안하는가?
4. flavor와 aroma의 차이는 어떻게 설명할 것인가?
5. flavor와 texture의 차이는 어떻게 설명할 것인가?
6. 파마산과 로마노 같은 이탈리안 치즈를 묘사하는 가장 적절한 1~2단어는?
7. 마요네즈의 특징적인 향미를 묘사하라.
8. 콜라의 특징적인 향미를 묘사하라.
9. 소시지의 특징적인 향미를 묘사하라.
10. 리츠 크래커의 특징적인 향미를 묘사하라.

이것은 상호 간의 교육 및 훈련과정이며, 이런 과정을 통해 제품에 적합한 묘사 용어를 개발할 수 있다. 표 10-5는 초콜릿 아이스크림의 향미프로필에 제시한 향미와 맛의 특성과 점수를 제시한 검사표의 예이다.

표 10-5 **초콜릿 아이스크림의 향미프로필**

구분	패널	1	2	3	4	5	6	7	8	9	평균
향미	크기	2	1	2	2	2	3	3	1	1	1.9
	초콜릿	4	3	4	4	3	4	4	3	2	3.4
	우유향	3	1	2	3	3	2	3	2	2	2.3
	단향	3	1	2	2	1	2	3	2	1	1.9
	탄내	2	2	3	2	1	3	1	1	0	1.7
	바닐라	3	0	1	1	1	1	2	0	0	1.0
맛	크기	2	3	3	3	3	2	3	3	3	2.8
	초콜릿	4	4	4	4	3	4	4	4	4	3.9
	단맛	4	3	4	4	3	3	4	3	4	3.6
	우유맛	3	3	3	3	4	2	3	3	3	3.0
	쓴맛	2	2	3	3	2	3	1	2	1	2.1
	바닐라	3	2	2	1	1	1	2	1	1	1.6
	짠맛	2	2	0	1	0	1	1	1	0	0.8
	기타	사각사각, 끈적거림	사각사각, 끈적거림	사각사각		사각사각, 끈적거림	느끼한 맛	사각사각	사각사각, 끈적거림	사각사각, 끈적거림	
	후미	느끼한 맛, 쓴맛	느끼한 맛, 쓴맛	느끼한 맛, 쓴맛	느끼한 맛, 쓴맛	떫은맛		느끼한 맛, 쓴맛	쓴맛, 떫은맛	느끼한 맛, 쓴맛	

※ 크기는 선호도로 대신하였고 강도의 평점은 다음과 같이 수정하였다.
　강도 0: not present, 1: 한계값, 2: slight, 3: moderate, 4: strong

4. 텍스처프로필

식품의 텍스처를 객관적으로 측정하더라도 이것이 감각적 평가결과와 상관관계를 유지하지 않으면 아무런 의미를 갖지 못한다. 감각검사는 객관적 텍스처 측정기기의 눈금을 정하기 위해 절대적으로 필요할 것이다.

1) 텍스처특성

(1) 기계적 특성

기계적 특성은 자극(힘, stress)에 대한 식품의 반응과 관련되며, 표준평가척도에 의하여 정량적으로 표시할 수 있다. 미국의 경우 표준경도척도(hardness scale)는 크림치즈와 같이 경도가 낮은 식품부터 단단한 캔디와 경도가 높은 식품까지 총 9가지 경도의 식품으로 구성되어 있다. 예를 들어 사람이 느끼는 가장 경도가 강한 식품을 단단한 캔디 정도로 보고, 가장 부드러운 식품을 크림치즈로 하여 9가지 표준식품을 제시하는 것이다.

기계적 특성에는 경도 외에도 부서짐성(7points), 검성(5points), 부착성(5points) 및 점성(8points) 등이 있다. 기계적 특성을 나타내는 용어는 다음과 같이 정의를 내리고 있는데, 이는 사람의 혀나 치아로 판단하기 어려운 특성들이다.

① 경도(hardness): 고체 물질을 어금니 사이로 압축하는 데 필요한 힘 또는 반고체 물질을 혀와 입천장 사이에 놓고 혀로 입천장을 향해 압축하는 데 필요한 힘이다.
② 부서짐성(fracturability): 어떤 물질을 부수는 데 필요한 힘이다. 예를 들면 크래커나 캔디에 일정 수준 이상의 힘을 가하면 부서지는데, 쉽게 부서지는 식품은 응집성이 약하고 어느 정도의 경도를 갖는 제품이다.
③ 씹힘성(chewiness): 어떤 식품에 일정한 힘을 가하여 씹어서 삼킬 수 있을 정도로 분쇄하는 데 걸리는 시간으로 씹힘성의 크기를 알 수 있다.
④ 부착성(adhesiveness): 정상적으로 음식을 먹을 때 입천장에 붙은 물질을 떼는 데 필요한 힘이다.

⑤ 검성(gumminess): 식품을 씹는 동안에 흩어지지 않고 남아 있는 성질 또는 반고체식품을 삼킬 수 있을 정도로 분쇄하는 데 필요한 힘이다.

⑥ 점성(viscosity): 스푼에 있는 액체를 혀로 끌어내리는 데 필요한 힘이다.

⑦ 응집성(cohesiveness): 시료를 어금니 사이에 놓고 압착하면서 파괴되기 전까지 변형되는 정도를 평가한다.

⑧ 탄성(springness): 시료를 어금니 사이(고체시료)에 놓거나 혀와 입천장 사이(반고체시료)에 놓고 부분적으로 압착한 다음 힘을 제거했을 때 시료가 원래 상태로 회복되는 정도를 평가한다.

(2) 기하학적 특성

기하학적인 특성은 크기, 모양, 식품의 입자 배열, 표면의 울퉁불퉁함 등과 같이 식품의 물리적 성분의 배열과 관련이 있으며, 이들 특성은 성질로 나타나지만 양적으로 표시할 수도 있다. 기하학적 특성은 다음과 같이 2가지로 구분된다.

① 크기와 모양에 관련된 것으로 분리된 입자로 감지되며, 기하학적 특성도 기계적 특성과 같이 양적으로 표시할 수 있다. 예를 들면, 모래 같은(gritty), 과립상의(grainy), 거친(coarse) 등의 특성은 묘사된 용어로 보아 입자 크기가 큰 것을 나타낸다.

② 모양과 배열에 관련되는 특성으로 예를 들면, 튀긴 쌀은 단단한 껍질에 크고 균일하지 못한 기공으로 채워진 조직이며, 아이스크림은 작고 균일한 다공질 조직이 공기로 채워진 것(aerated texture)이다. 기하학적 특징은 주로 혀로 감지되지만, 일부는 입천장이나 이(teeth)로 느낄 수도 있다.

(3) 기타 특성

식품의 수분 및 지방함량과 관련된 특성으로, 이들은 성질로 나타낼 수도 있지만 양적으로 표현이 가능하다.

2) 분석방법

(1) 패널의 선정

텍스처프로필 분석을 시작하려면 잘 훈련된 패널지도자가 있어야 한다. 패널지도자는 이 방법에 경험이 많은 사람이 가르치는 정규교육과정을 이수하는 것이 가장 바람직하다. 패널지도자는 패널이 갖추어야 할 자질 이외에 다음과 같은 능력이 있어야 한다.

- 패널을 편안하게 하고 최선의 노력을 다하는 인품이 있어야 한다.
- 과학적 교육을 받고, 과학적 방법을 이해할 수 있어야 한다.
- 자신의 의견을 강요하지 않고 패널이 의견의 일치를 볼 수 있도록 지도력이 있어야 한다.

처음에 패널을 모집할 때 실제로 필요한 수의 2배 정도의 인원을 확보해야 한다. 일반적으로 텍스처프로필 패널은 5~7명이 필요하므로 최초에는 적어도 15명 정도의 인원이 확보되어야 한다.

(2) 패널의 교육

패널은 조명이 잘 구비되고, 조용하며, 냄새가 나지 않고, 정신적인 집중을 하는 데 방해할 요인이 없고, 온도와 습도가 쾌적한 환경에서 일할 수 있어야 한다. 패널은 큰 탁자에 둘러앉아 교육을 받는다. 패널에게는 기록표와 입을 헹굴 물 1잔, 시료를 뱉을 종이컵이 주어진다. 탁자의 중앙에는 검사를 진행할 시료가 놓이고, 방 안에는 흑판이나 종이차트를 준비하여 결과 및 패널이 제시한 논평을 기록할 수 있도록 한다.

교육의 첫 단계는 패널이 표준평가척도에 익숙해지는 것이다. 패널에게 한 번에 한 가지의 표준평가척도를 제시하고, 패널지도자는 척도에 관하여 자세하게 설명한다. 그리고 패널은 텍스처특성이 낮은 것부터 시작하여 높은 쪽으로 시료를 취하며 척도에 맞추어 본다. 이 일이 끝나면 척도에 관한 토론을 하고, 패널이 척도에 익숙해질 때까지 같은 훈련을 반복한다. 이 훈련이 끝나면 미지의 시료를 패널에게 제시하여 척도에 가장 가까운 1/4점까지 평가하도록 한 다음 점수를 지도자에게 불러준다. 지도자는 패널의 점수가 평균치에서 1/4점의 편차 범위에 들어올 때까지 교육을 반복한다. 이와 같은 교육이 성공적으로 끝나면 다음 표준척도에 관하여 동일한 훈련과정을 거친다.

패널이 표준척도에 숙달이 되면 간단한 제품을 가지고 TPA(Texture Profile Analysis) 점수표를 이용하여 완전한 텍스처프로필을 연습 삼아 작성하도록 한다. 패널이 간단한 제품의 텍스처프로필에 익숙해지면, 실제로 분석하려고 하는 제품을 대상으로 텍스처프로필을 작성하도록 한다. 완전한 텍스처프로필을 작성하는 데 걸리는 시간은 제품에 따라 다르며, 간단한 식품은 2~3회의 교육으로 끝낼 수 있지만 복잡한 식품은 많은 교육과정을 거쳐야 완전하고 만족스러운 프로필을 얻을 수 있다.

3) 기본 TPA 기록표의 개발

식품의 텍스처특성을 기록하는 방법은 '감지순서'의 원칙에 근거를 둔 것으로, 제품의 특성이 나타나는 순서에 따른 것이다. 텍스처특성은 일정한 패턴에 따라 감지되므로 감지순서를 예측할 수 있다. 텍스처특성의 감지는 초기, 씹음 단계, 후기의 3단계로 나눌 수 있다.

(1) 초기

제품을 어금니 사이에 놓고 한번 씹는 것(first bite)으로 기계적 특성인 경도, 부서짐성, 점도가 측정되며, 기하학적 특성과 기타 특성도 감지된다. 기계적 특성은 표준척도에 따라 0.2 단위 이내가 되도록 평가한다. 그리고 기하학적 특성이나 기타 특성은 일반적으로 숫자를 지정하지 않고 약간(slight), 중간(moderate), 강한(strong) 등과 같은 형용사를 사용하여 묘사한다.

(2) 씹음 단계

식품을 이 사이에 놓고 표준속도(60번/분)로 씹는 단계로 검성, 씹힘성, 부착성을 결정하며, 씹는 동안 감지되는 기하학적 특성 및 기타 특성을 평가한다. 씹힘성은 1~7 척도평가나 삼키는 데 필요한 씹음 수로 표시할 수 있다.

(3) 후기

씹어서 완전히 삼키는 동안에 생기는 화학적, 기계적, 기하학적 및 기타 특성의 변화를 측정하는 것이다. 예를 들면, 분쇄 속도, 분쇄 형태, 수분 흡수, 입안의 코팅 정도 등이 있다. 후기에 감지되는 특성의 변화는 점수로 표시하지 않고 짧은 문장이나 몇 개의 단어로 묘사한다.

아래와 같이 패널이 제시된 식품에 대한 기본 텍스처프로필 기록표를 완성하면, 지도자는 각자의 점수를 칠판에 적도록 한다. 모든 패널의 점수가 기록되면 패널이 점수를 함께 검사한다. 어느 특성에 관한 점수가 표준척도보다 상하로 0.2점 이상 차이가 나면 패널이 경험한 문제점을 토론하고, 그 부분에 대한 평가를 반복하여 패널 간에 의견이 일치되

기본 텍스처프로필 기록표

제품 _____   날짜 _____   성명 _____

1. 초기(first bite)
  (a) 기계적 특성
     경도(1~9 척도)
     부서짐성(1~7 척도)
     점도(1~8 척도)
  (b) 기하학적 특성
  (c) 기타 특성(촉촉함, 기름기)

2. 씹음 단계
  (a) 기계적 특성
     검성(1~5 척도)
     씹힘성(1~7 척도)
     부착성(1~5 척도)
  (b) 기하학적 특성
  (c) 기타 특성(촉촉함, 기름기)

3. 후기
  분쇄 속도
  분쇄 형태
  수분 흡수
  입안의 코팅

도록 한다. 만약 한 패널이 평가한 점수가 나머지 패널의 점수와 일치하지 않을 때에는 이를 제외한다. TPA는 전체 패널의 의견 일치를 전제로 하기 때문에 전체의 의견과 너무 다른 것은 제외해야 한다.

4) 비교 TPA 기록표의 개발

TPA의 마지막 단계는 표준척도로부터 비교 TPA 기록표를 개발하는 것이다. 기본 기록표는 여러 가지 제품에 사용할 수 있는 데 비하여, 각각의 비교 기록표는 특정 제품을 위하여 특별히 고안된 것이다. 따라서 비교 기록표는 특정 제품에서 원료의 품질, 배합, 가공 또는 저장의 차이에서 생기는 텍스처특성의 조그만 차이도 찾아내고, 차이를 정량적으로 표시할 수 있다.

비교 TPA에서는 텍스처특성이 유지되기를 원하는 한 제품(또는 물질)을 목표 제품(target product)으로 정한다. 이 목표 제품은 대조군의 역할을 하며, 이 제품의 텍스처특성에는 0점이 배정된다. 참고로 아래 예제는 쿠키의 텍스처프로필 검사에 사용된 평가표의 예이다.

Example: Solid Texture Terminology of Oral Texture of Cookies

1. Surface   Place cookie between lips and evaluate for:

Roughness: degree to which surface is uneven

{Smooth ------------------------------- Rough}

Loose particles: amount of loose particles on surface

{None -------------------------------- Many}

Dryness: absence of oil on the surface

{Oily -------------------------------- Dry}

2. First bite   Place one third of cookie between incisors, bite down, and evaluate for:

Fracturalbility: force with which sample ruptures

{Crumbly ---------------------------- Brittle}

Hardness: force required to bite through sample

{Soft -------------------------------- Hard}

(계속)

Particle size: size of crumb pieces

{Small ------------------------------- Large}

3. First chew   Place one third of cookies between molars, bite through, and evaluate for:

Denseness: compactness of cross section

{Airy ------------------------------- Dense}

Uniformity of chew: degree to which chew is even throughout

{Uneven ------------------------------- Even}

4. Chew down   Place one third of cookie between molars, chew 10 to 12 times, and evaluate for:

Moisture absorption: amount of saliva absorbed by sample

{None ------------------------------- Much}

Type of break down: thermal, mechanical, salivary

{No scale}

Cohesiveness of mass: degree to which mass holds together

{Loose ------------------------------- Cohesive}

Tooth Pack: amount of sample stuck in molars

{None ------------------------------- Much}

Grittiness: amount of small, hard particles between teeth during chew

{None ------------------------------- Many}

5. Residual   Swallow sample and evaluate residue in mouth:

Oily: degree to which mouth feels oily

{Dry ------------------------------- Oily}

Particles: amount of particles left in mouth

{None ------------------------------- Many}

Chalky: degree to which mouth feels chalky

{Not chalky ------------------------------- Very chalky}

6. Overall eating quality

{Very bad ------------------------------- Very good}

5. 정량묘사분석

정량묘사분석(QDA, Quantitative Descriptive Analysis)은 패널의 선정방법 및 결과처리방법이 종래의 묘사방법과는 조금 다르다. 이 방법의 특징은 첫째, 묘사결과를 양적으로 표시하기 위해 적절한 척도를 사용해야 하며, 신뢰성을 확보하기 위해 패널이 반복적으로 판정하게 한다. 정량묘사분석에서 주로 사용하는 척도는 그래프식 평가척도(graphic rating scale)이다 **그림 10-2**. 그림 10-2의 척도는 선의 길이가 6인치이고, 양쪽에 용어 한계를 붙였으며, 특성의 강도는 좌에서 우로 이동하면서 증가한다. 패널은 척도에 특정 용어의 비교 강도를 가장 잘 반영하는 점에 수직으로 짧게 선을 그으면 된다. 이때 패널은 시료를 반복적으로 평가할 때 표시점의 위치가 변동하지 않게 주의해야 한다. 측정의 신뢰성을 높이기 위해 각 패널이 한 제품에 대하여 4~6회의 판정을 반복하는 것이 적당하다.

둘째, 정량묘사분석은 총체적 감각특성을 감지한다. 묘사분석에서 만약 패널에게 맛만 평가하게 하고 냄새에 대한 평가를 제외한다면, 이는 심리적인 견지에서 적절하지 못하다. 예를 들어 음료의 단맛에 대한 반응은 색깔, 냄새 등의 상호작용의 결과로 나타난다. 그러

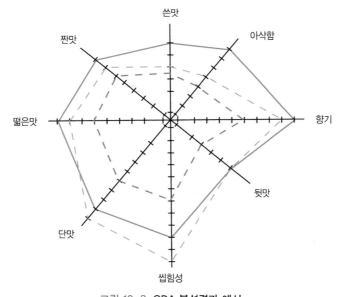

그림 10-2 **QDA 분석결과 예시**

므로 어느 한 느낌을 측정하려면 이에 영향을 주는 모든 요인을 측정해야 하며, 그다음 이들 요인 간의 수학적 관계를 알아내야 한다.

셋째, 정량묘사분석은 10~12명의 패널을 사용하는 것이 적당하다고 알려져 있다. 간혹 5명이나 그 이하의 패널을 사용하는데, 이 경우에는 소수의 인원에 대한 결과의 의존도가 증가하므로 추천하기 어렵다. 그러나 패널의 경험이 쌓이면서 참여 패널 수를 줄여나갈 수는 있다. 정량묘사분석 패널은 패널로 자격이 갖추어진 사람을 사용한다. 묘사방법에서는 패널이 동종의 제품 간에 존재하는 차이를 감지할 수 있는 능력을 소유해야 하며, 이것이 패널이 갖추어야 할 가장 중요한 자격 요건이다. 그리고 패널은 감지한 특성을 말로 표현할 수 있어야 하며, 그룹으로 일할 수 있어야 한다. 그림 10-3은 커피의 감각특성을 정량묘사분석으로 나타낸 실험결과의 예이다.

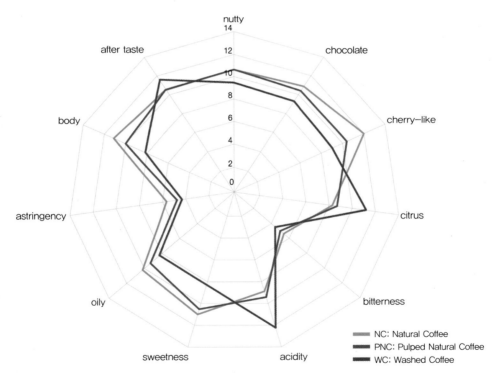

그림 10-3 **커피의 감각특성을 나타낸 거미줄 그래프**
(Spider-web graph of espresso classified by green coffee processing methods)
자료: 최유미, 윤혜현(2011). 생두 가공법에 따른 에스프레소 커피의 관능 특성. 한국식품조리학회지, 27-6.

6. 스펙트럼 묘사분석

스펙트럼 묘사분석(spectrum descriptive analysis method)은 훈련에 의해 개발된 특성의 강도를 기준시료의 강도와 비교하여 나타낸다. 개발된 모든 특성에 대해 기준시료를 2~5개 정도 개발하여 표시해놓은 기준척도표와 비교하여 평가한다. 보통 15cm 선척도를 많이 사용하며, 스펙트럼은 냄새, 단맛, 경도 등 각각 특성에 따라 모든 시료를 표시하는 보편적인 척도와 특정 시료별로 좁혀진 특정 품목 스펙트럼 척도가 있다.

스펙트럼 묘사분석에서는 지각능력, 등급선정 능력, 관심사항, 건강 등을 고려하여 패널을 선정하고 예비선별에 60명 정도를 참가시키고 최종적으로 10~15명을 선발한다.

스펙트럼 묘사분석은 주요 제품 감각군에 대해 설명이 가능하고 상대적이라기보다 기준점에 바탕을 두고 절대적 특성강도의 점수를 표시한다.

다음 표 10-6과 10-7은 기본 맛과 냄새의 스펙트럼 묘사분석에 사용되는 기준 강도값이다.

표 10-6 4가지 기본 맛 평가를 위한 기준 강도척도점수

기준시료(제품명, 회사명)	단맛	짠맛	신맛	쓴맛
미국 치즈(American Cheese, Kraft)		7	5	
사과소스(Applesauce, natural, Mott)	5		4	
사과소스(Applesauce, regular, Mott)	8.5		2.5	
껌(Big Red gum, Wrigley)	11.5			
쿠키(Bordeaux cookies, Pepperidge Farm)	12.5			

표 10-7 냄새를 위한 기준 강도척도점수

용 어	기준 시료(제품명, 회사명)	척도점수
떫음	포도주스(Grape juice, Welch's)	6.5
	차(한 시간 동안 우려낸 차)	6.5
구운 밀	설탕 쿠키(Sugar cookies, Kroger)	4
	쿠키(Brown edge cookies, Nabisco)	5
구운 백색 밀	리츠 크래커(Ritz cracker, Nabisco)	6.5
캐러멜화한 당	쿠키(Brown edge cookies, Nabisco)	3
	설탕 쿠키(Sugar cookies, Kroger)	4
	차(Social Tea, Nabisco)	4
	보르도 쿠키(Bordeaux cookies, Pepperidge Farm)	7
셀러리	채소주스(V-8 vegetable juice, Campbell)	5
치즈	미국 치즈(American Cheese, Kraft)	5

7. 시간-강도 묘사분석

식품의 냄새, 맛, 텍스처, 온도 및 통감은 입안에서 시간이 지남에 따라 다양한 변화를 나타낸다. 특히 입안에서 녹거나 분비된 침 때문에 분산매와 분산상이 서로 전환되는 경우에는 그 변화가 더 현저하게 나타난다. 식품을 입안에 넣으면 삼키기 전까지 혀를 움직이고 이로 씹으면서 식품을 잘게 부수고 침과 섞이게 된다. 감각이 시작되는 때부터 최고의 감각이 느껴졌다가 사라질 때까지 감각적 자극이 시간에 따라 다양하게 감지된다.

대부분의 감각검사에서 패널들이 맛보는 초기부터 말기 과정까지 감지한 특성의 강도를 평균적으로 나타내기 때문에 제품의 중요한 특성이 될 수 있는 시간에 따른 변화 양상을 조사할 수 없다. 따라서 시간-강도 묘사분석은 제품의 몇 가지 중요한 감각적 특성의 강도가 시간에 따라 변화하는 양상을 조사하기 위해 개발된 방법이다.

그림 10-4는 추잉껌의 강도가 시간에 따라 변화하는 양상을 나타낸 것이며, 이것은 무설탕과 설탕이 함유된 껌에서 강도의 크기가 다른 것을 보여준다.

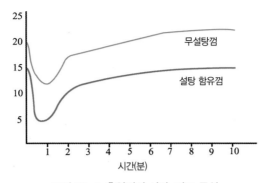

그림 10-4 **추잉껌의 시간-강도 곡선**

실험 1 시판 두부의 감각적 특성 비교

실험목적 시판되는 두부의 감각적 특성을 비교·평가한다.

실험방법

① 먼저 두부에서 평가되어야 하는 여러 가지 특성을 표현할 용어를 토의를 통해 개발한다(아래 표에 토의한 용어를 첨가한다).

② 시중에서 판매되는 여러 가지 두부의 맛, 냄새, 질감 특성을 묘사분석을 통해 비교해 본다.

③ 시료용 두부를 적당히 잘라 맛, 냄새, 물성을 묘사분석으로 평가한다.

실험결과

시료	맛	냄새	외관	질감	단면
A					
B					
C					
D					

① 4가지 두부 시료에서 각 특성에 대해 극도로 약하면 1점, 극도로 강하면 9점을 주는 9점 척도로 평가한다.

② ANOVA로 시료 간의 감각특성 차이에 유의성이 있는지 분석한다.

실험 2 스펙트럼 묘사분석

실험목적 강도가 표시된 기준척도를 이용해 개발된 제품의 특성을 평가한다.

실험방법

① 시판되는 4가지 오렌지주스를 비교시료로 이용한다. 표준시료는 단맛과 신맛에 대해 다음과 같은 농도의 단 맛, 신맛을 제조하였다.

강 도	단 맛		강 도	신 맛	
	농 도	기 호		농 도	기 호
2	설탕 2%	a1	2	구연산 0.05%	b1
5	설탕 5%	a2	5	구연산 0.08%	b2
10	설탕 10%	a3	10	구연산 0.15%	b3

② 시중에서 판매되는 여러 가지 두부의 맛, 냄새, 질감특성을 묘사분석을 통해 비교해 본다.

③ 시료용 두부를 적당히 잘라 맛, 냄새, 물성을 묘사분석으로 평가한다.

- 단맛

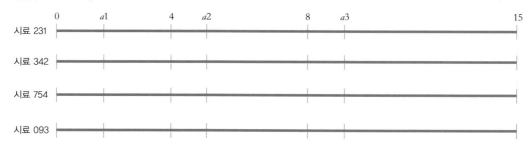

- 신맛

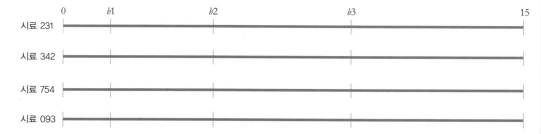

(계속)

실험 2

실험결과

패 널	시료 231	시료 342	시료 754	시료 093
A				
B				
C				
D				
E				
F				
G				
H				
계				

통계 분석

각 값을 연속변수로 간주하여 시료특성 차이의 유의성을 분산분석으로 검증한다.

CHAPTER 11
소비자검사

소비자검사

식품업체에서 생산하는 가공식품의 종류가 다양해지면서 소비자의 선호도나 기호도조사가 매우 중요해졌다. 소비자검사는 기존 제품의 품질유지와 품질향상, 신상품 개발 및 제품의 판매 가능성 평가 등을 목적으로 한다. 이는 제품 개발 초기나 중간 단계에서 제품 개발의 방향과 개선점 등 의견을 얻기 위해 실시한다.

1. 소비자패널

제품을 현재 사용하고 있는 사람이나 제품을 사용할 사람들이 소비자패널이다. 제품의 개발 또는 판매에 관련된 사람들은 소비자패널이 될 수 없다. 따라서 제품에 대한 전문적인 지식이나 감각검사에 대하여 훈련이 되지 않은 사람들로 구성되고, 적게는 수십 명에서 많게는 수십만 명의 소비자패널을 사용한다.

소비자패널은 일반적으로 실제 필요한 수보다 20% 정도 많게 모집하는데, 경우에 따라서는 필요한 수의 2배 정도를 모집하기도 한다. 소비자패널을 모집하는 방법으로는 개인모집과 단체모집이 있다.

1) 개인모집
사람이 많이 모이는 대형마트, 시장, 교회, 학생회관 등의 장소에서는 한 사람씩 개인 면접을 통해 모집하기도 한다. 따라서 시간과 비용이 많이 필요하고, 처음 소비자검사에 참여하는 소비자 명단을 작성하는 데 어려움이 있다.

2) 단체모집

특정 기관의 단체장을 만나 소비자검사에 참여할 수 있는 사람들의 조건과 기부금 형식으로 그 기관에 지불할 대가를 알려주고 패널을 요청한다. 일반적으로 종교단체, 동호인 모임, 학교 등이 많이 이용되는데, 이와 같은 경우에 소비자 집단이 너무 동질적일 수 있다는 단점이 있다. 하지만 짧은 시간에 많은 인원을 모집할 수 있고, 단체에 기부금으로 지불되는 대가는 개인에게 지불하는 금액보다 적기 때문에 비용도 절약할 수 있다.

2. 소비자검사 절차

소비자검사를 진행하기 위하여 가장 먼저 할 일은 검사표를 작성하는 일이다. 다음으로는 시료를 준비하기 위한 계획서를 작성하고, 목표집단을 설정하여 소비자패널을 선발하기 위한 질문지를 작성한다. 소비자패널 모집방법도 개인모집이나 단체모집 중에서 선택하고 실제 필요한 수보다 20% 많게 혹은 2배수에 해당하는 인원을 선발한다. 다음 단계로는 검사 참여를 요청하고 필요할 경우에는 패널을 다시 선발하여 필요한 인원을 확보한다. 실제 검사를 실시하고, 반드시 감사의 말과 대가를 지불하는 것을 잊지 않도록 한다.

3. 결과에 따른 소비자검사방법

소비자검사는 결과를 어떻게 나타내느냐에 따라 정성적 검사(qualitative test)와 정량적 검사(quantitative test)로 나뉜다. 정성적 검사는 소비자의 의견을 알기 위한 검사이고 정량적 검사는 검사결과를 수 또는 양으로 나타낼 수 있는 검사이므로, 검사목적에 따라 적절한 검사방법을 선택하는 것이 바람직하다.

1) 정성적 검사

10명 정도의 소수의 소비자들이 실험실에서 검사를 실시하는데, 그 목적은 소비자의 솔직한 의견을 얻는 데 있다. 제품 개발의 초기 단계에서 소비자가 제품의 특성이나 견본(prototype)을 평가한다. 따라서 소비자의 평가에 따라 제품 개발의 방향을 결정할 수 있거나 새로운 제품에 대한 소비자의 반응을 알 수 있다.

정성적 검사(qualitative test)를 통하여 소비자가 제품에 대해 표현한 감각적 특성을 얻게 되고 이 자료를 토대로 정량적 검사를 위한 검사표를 만들 수 있다. 정성적 검사를 실시하기 위해 사용하는 검사방법으로는 초점그룹(focus group interview), 초점패널(focus panel), 소비자 프로브 패널(consumer probe panel), 일대일 면접(one to one interview) 등이 있다.

(1) 초점그룹

진행자와 소그룹의 패널이 특별하게 마련된 그림 11-1과 같은 토의실에 모여 토의를 하는 검사방법이다. 이때 토의 진행은 전문적인 진행자에 의해 이루어지고, 토의실 다른 쪽의 관찰실에서 토의과정을 관찰하거나 청취하고 녹음과 녹화가 이루어진다. 따라서 패널의 대답, 동작, 표정 등을 자세히 관찰할 수 있어 많은 정보를 얻을 수 있다. 평가할 시료가 많지 않을 경우에 유용한 검사방법이다. 회의는 90~120분이 소요되며 1회로 종료된다. 토의에 참석한 소비자패널은 대가로서 사례를 받으며 기준에 따라 8~12명으로 구성된다.

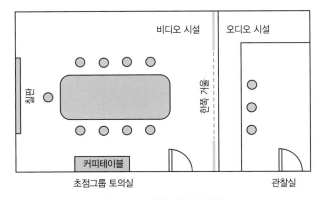

그림 11-1 **초점그룹 토의장소**

소비자패널의 선발기준으로는 상품사용 여부, 생활방식, 건강에 대한 관심, 폭넓고 자유로운 용어 사용, 심리검사를 통한 창의성 소유 여부 및 인적사항 등이 사용된다. 하지만 초점그룹은 정량적인 결과를 얻을 수 없고, 토의 진행자의 숙련도에 따라 결과가 다르게 나올 수 있다는 단점이 있다. 또한 토의에 참석한 소비자에 의한 오차가 발생할 수 있고, 진행자의 해석에 따라 결과가 다를 수도 있다.

(2) 초점패널
패널이 8~12명으로 구성되는 점은 초점그룹과 유사하지만, 소비자 집단을 두 번이나 그 이상 사용하는 점이 다르다. 우선 토의를 하고 나서 패널에게 제품을 사용하게 한 뒤 다시 모여 패널의 경험을 토의한다. 제품의 개발이 진행 중일 경우나 제품의 저장 중 변화를 평가할 때 이 방법을 사용한다. 검사할 때마다 다른 제품을 사용할 수도 있다. 초점그룹과 마찬가지로 진행자의 해석에 따라 결과가 다를 수도 있다.

(3) 소비자 프로브 패널
패널은 6~8명의 소비자들로 구성되며 검사시간은 12시간 이상 소요된다. 내용에 심도가 있는 결과를 얻고자 할 때 사용하는 검사이다.

(4) 일대일 면접
한 명의 소비자를 대상으로 한 명의 면접자가 검사를 진행한다. 1회에 30~60분이 소요되며, 개개인의 순수한 반응을 얻을 수 있다. 검사계획에 따라 결과를 양적으로 나타낼 수 있는 장점이 있지만, 많은 시간과 비용이 필요하여 비경제적이다.

2) 정량적 검사
정량적 검사(quantitative test)는 정성적 검사와 달리 동일한 면접방법을 사용하며, 결과를 통계처리할 수 있다. 50~400명의 소비자로부터 제품의 감각특성에 대한 전반적인 기호도나 선호도를 알기 위하여 사용한다.

(1) 선호도검사

제시된 시료 중에서 더 좋아하는 시료를 선택하게 하는 검사방법이다. 보통 "어떤 시료를 더 좋아하십니까?"라고 질문을 한다. 선호도검사(preference test)는 패널이 검사하기가 용이하고 결과해석이 쉽지만 소비자가 제품을 좋아하는지 싫어하는지를 알 수는 없다.

시료가 2개일 경우에는 더 좋아하는 시료를 선택하도록 하지만(시료 2개 선호도검사), 시료가 3~5개일 경우에는 선호도 순위를 결정하도록 한다(선호도 순위검사).

표 11-1 선호도검사의 종류

검사 종류	시료 수	선호도검사방법
두 시료 선호도검사	2	두 시료 중에서 한 시료를 선택한다.
선호도 순위검사	3 이상	상대적인 선호도순서를 결정한다.
다시료 선호도검사	3 이상	
· 모든 가능한 쌍		두 시료씩 가능한 짝을 모두 만들어 두 시료 중에서 한 시료를 선택한다. 예 A-B, A-C, A-D, B-C, B-D, C-D
· 선택된 쌍		선택한 두 시료씩 짝을 만들고 두 시료 중에서 하나를 선택한다. 표준시료와 다른 시료들을 비교할 때 이용한다. 예 A-C, A-D, B-C, B-D

선호도검사표

이름: 날짜:

왼쪽의 검사물을 맛보신 뒤에 다음 검사물을 맛보십시오.

귀하께서는 두 검사물 중에서 어느 것을 더 좋아하십니까?

하나만 선택하여 해당 검사물의 번호에 √ 표를 해주십시오.

627   194

_____   _____

왜 이 검사물을 선택하셨는지 의견을 말씀해주십시오.

_____

_____

참여해주셔서 대단히 감사합니다.

선호도 순위검사표

이름: 날짜:

왼쪽의 검사물을 맛보신 뒤에 다음 검사물을 맛보십시오.

195   274   623   579

귀하께서 가장 좋아하시는 것부터 가장 좋아하지 않는 것까지 제시된

검사물의 순위를 결정하고, 검사물 번호를 기입하십시오.

_____   _____   _____   _____

가장 좋아하는 것   가장 좋아하지 않는 것

참여해주셔서 대단히 감사합니다.

(2) 기호도검사

기호도검사(acceptance test)는 시료를 좋아하는 정도를 알기 위한 것으로, "이 시료를 얼마나 좋아하십니까?"라고 질문을 한다. 주로 9점 항목척도를 이용하지만 선척도, 얼굴표정척도, 비율척도 등도 이용한다. 시료의 숫자가 2개인 경우 패널이 평가한 시료의 점수 차이를 계산한 후 t-검정을 실시하고, 3개 이상일 때는 분산분석 후 시료 간의 차이가 통계적으로 유의하면서 다중비교검사를 실시한다.

대단히 싫어한다	좋지도 싫지도 않다	대단히 좋아한다

그림 11-2 **기호도검사에 사용되는 9점 항목척도**

대단히 좋아한다.　　아주 좋아한다.　　보통 좋아한다.　　약간 좋아한다.　　좋지도 싫지도 않다.

약간 싫어한다.　　보통 싫어한다.　　아주 싫어한다.　　대단히 싫어한다.

그림 11-3 **기호도검사에 사용되는 얼굴표정 척도**

4. 검사장소에 따른 소비자검사방법

소비자검사는 제품의 사용시간, 제품의 준비 형태, 다른 음식, 다른 사람, 질문지의 길이와 복잡성 등에 영향을 받기 때문에 검사를 실시하는 장소에 따라 결과에 차이가 있다.

1) 실험실검사

실험실검사(laboratory test)는 회사 직원을 패널로 사용하며, 제품당 25~50명의 패널이 필요하다. 한 번에 2~5개의 제품을 검사하는 것이 바람직하며, 선호도 또는 기호도검사를 실시한다.

(1) 장점

- 모든 패널에게 똑같은 조건의 시료를 준비하고 제시할 수 있다.
- 회사 내에서 짧은 시간 내에 패널을 모집할 수 있어서 능률적이고 경제적이다.
- 검사환경 및 조건의 통제가 가능하므로, 신제품 개발 초기에 시각적 차이에서 오는 효과를 제거할 수 있어서 패널은 시료의 향이나 텍스처검사에 집중할 수 있다.

(2) 단점

- 검사장소가 제품이 개발 또는 생산되는 곳과 관련이 있어 신제품 개발의 출처가 노출될 수 있다.
- 회사 직원을 패널로 사용할 경우 일반인보다 더 제품에 익숙하므로, 신제품에 대한 기호도가 높게 나타날 수 있다.
- 회사 직원이 검사하는 제품의 구매 목표집단에 해당되지 않을 경우 제한된 정보만을 얻을 수 있다.
- 일상에서 먹는 것과는 달리 소량의 시료를 검사하므로 제한된 정보만 얻는다.
- 실험실 내에서 통제된 방법으로 시료를 준비하여 제시하게 되므로, 시료가 준비되고 소비되는 과정이 보통 가정이나 일상생활과는 다를 수 있다.

2) 중심지역검사

중심지역검사(central location test)는 소비자검사 중에서 가장 많이 알려진 검사방법이다. 사람이 많이 모일 수 있는 장소라면 어느 곳에서도 실시가 가능하다. 따라서 검사를 주관하는 사람은 사무실이 많은 건물, 시장, 대형할인점 등에 검사할 장소를 빌리고 검사대를 만들어 놓고 검사를 실시한다. 패널은 검사하기 전에 확보할 수도 있고 지나가는 사람들에게 일일이 부탁하는 방법을 사용할 수도 있다. 중심지역검사는 산만한 장소에서 실시하기 때문에 질문지는 간단하고 명료하게 만드는 것이 바람직하다. 한 종류의 제품당 100명의 소비자패널이 필요한데, 한 사람당 2~4개 시료의 검사를 실시할 수 있다. 일반적으로 한 장소에서 50~300개의 응답을 얻는다. 시료는 보이지 않는 상태에서 준비하고, 세 자리 숫자로 표시한 동일한 접시나 컵에 담아 제시한다.

(1) 장점

- 모든 소비자가 동일한 조건의 제품을 검사한다.
- 제품 사용자에 의한 검사 결과를 얻으므로, 결과를 신뢰할 수 있다.
- 사람이 많이 모이는 장소에서 실시하므로 많은 소비자가 검사에 참여할 수 있다.
- 질의응답이 가능하므로 검사 도중 패널의 오해가 해소될 수 있다.

(2) 단점

- 극히 정해진 조건에서 검사가 이루어지므로 준비과정, 소비량, 사용기간, 사용시간 등이 일상의 조건과는 아주 다르다.
- 주의가 산만한 곳에서 실시하므로 질문 수가 한정된다.
- 다양한 연령층, 사회경제적 계층의 기호도에 대한 정보를 얻기가 어렵다.

3) 가정사용검사

가정사용검사(home-use test)는 3~4개 도시를 선정하고 도시당 75~300가구씩 미리 선택하여 시료를 각 가정에 보내주어 실제로 사용하면서 평가하는 검사방법이다. 일반적으로 2개의 시료를 비교하는데, 우선 1개의 시료를 4~7일 동안 사용하면서 검사결과를 기록하도록 하고 다른 시료를 평가하게 한다. 시간 여유를 두고 평가할 수 있어서 안정된 검사가 이루어질 수 있다. 또한 가족 구성원의 의견, 시장판매에 관한 의견 등 실험실검사나 중심지역검사에서는 얻을 수 없는 정보를 얻을 수 있어서 제품 개발의 최종 단계에서 사용한다.

(1) 장점

* 제품을 실제로 사용하는 조건에서 검사할 수 있다.
* 일정기간 여러 번 사용하고 평가하기 때문에 결과를 신뢰할 수 있다.
* 시간적 여유를 가지고 검사하므로, 제품의 가격, 포장, 감각적 특성 등 더 많은 정보를 얻을 수 있다.
* 소비자 모집 시에 통계적인 방법을 사용할 수 있다.
* 여러 번 사용하면서 얻은 누적된 평가결과는 제품이 계속 판매될 가능성에 대한 정보를 제공한다.

(2) 단점

* 검사가 완성되려면 1~4주 정도의 장시간이 소요된다.
* 중심지역검사보다 패널 수가 적다.
* 우편을 이용하여 검사할 경우에는 응답률이 낮다.
* 검사할 수 있는 시료 수는 3개까지이다.
* 검사하는 환경을 동일하게 할 수 없다.

5. 인터넷을 이용한 소비자검사

인터넷 시장이 확대되면서 백화점과 대형할인마트에서 운영하는 인터넷쇼핑몰과 식품 판매 전문사이트를 통해 식품을 구입하는 소비자가 증가하고 있다. 특히 건강과 맛을 동시에 추구하며 인터넷을 즐겨 사용하는 1인 가구를 겨냥한 다양한 간편가정식(HMR, Home Meal Replacement)이 개발되고 있는데, 인터넷 소비자는 제품구매 후 만족도에 따라 동일제품을 다시 구매하게 되므로 소비자의 기호도 조사가 매우 중요하다.

소비자 기호도조사는 인터넷을 이용하면 쉽게 할 수 있는데, 메일에 조사지를 첨부하는 전자우편조사와 웹에 직접 응답할 수 있게 하는 웹조사 등이 있다. 이는 단시간에 많은 응답을 얻을 수 있어 시간과 비용 절감이 가능하지만, 조사대상이 인터넷 이용자, 이메일 주소를 가진 소비자 등으로 한정되어 표본의 대표성이 낮다.

1) 장점

- 시간이 절약된다.
- 비용이 줄어든다.
- 소비자가 직접 결과를 입력하므로 통계처리를 즉시 할 수 있다.
- 광범위한 소비자를 대상으로 조사할 수 있다.
- 장소의 제한 없이 여러 지역의 소비자를 대상으로 조사할 수 있다.

2) 단점

- 응답률이 낮다.
- 조사를 위한 메일을 스팸메일로 간주하여 조사에 응하지 않을 수도 있다.
- 인터넷이나 이메일을 사용하지 않는 사람들은 조사에서 제외되므로 편중된 결과를 얻게 된다.

실험 1 소비자검사 – 선호도검사 Ⅰ

실험목적   기존제품과 새로운 제품에 대한 소비자의 선호도를 이점비교법으로 검사한다.

시료 및 기구   새우깡(옛날맛), 새우깡(매운맛), 접시

패널   48명

실험방법

① 검사하려는 시료는 각각 무작위로 추출한 세 자리 숫자로 표시한다.

② 패널 48명이 한 번씩 검사를 하도록 다음과 같은 요령으로 시료를 제시하고 검사하도록 한다.

- 패널 $\frac{1}{2}$ (패널번호 1번~24번): 시료번호 461, 159의 순서로 제시

- 패널 $\frac{1}{2}$ (패널번호 25번~48번): 시료번호 159, 461의 순서로 제시

③ 패널은 제시된 두 가지 시료 중에서 더 좋아하는 것을 선택하여 검사표에 표시한다.

실험결과

48명 패널의 검사표를 토대로 두 시료에 대하여 더 좋아한다고 대답한 수를 정리한 집계표를 만든다.

시료번호	461	159
응답 수		

결과분석 및 결론

① 부록의 표 C를 참고하여 양측검정으로 분석한다.

② 패널 48명이 참여한 소비자검사의 경우에는, 5% 유의수준에서 32명 이상이 더 좋다고 응답을 한 시료에 대하여 소비자가 선호한다고 판정한다.

(계속)

실험 1

선호도검사표

이름:

날짜:

왼쪽의 시료를 맛보신 후 다음 시료를 맛보십시오.

귀하가 좋아하는 시료번호에 √ 표를 하십시오.

461   159

_____   _____

참여해주셔서 대단히 감사합니다.

실험 2 소비자검사 − 선호도검사 II

실험목적 기존의 두유와 검은 두유에 대한 소비자의 선호도를 이점비교법으로 검사한다.

시료 및 기구 두유, 검은 두유, 컵, 접시

패널 32명

실험방법

① 검사하려는 시료는 각각 무작위로 추출한 세 자리 숫자로 표시한다.

② 패널 32명이 한 번씩 검사를 할 수 있도록 다음과 같은 요령으로 시료를 제시하고 검사한다.

- 패널 $\frac{1}{2}$ (패널번호 1번~16번): 시료번호 614, 279의 순서로 제시
- 패널 $\frac{1}{2}$ (패널번호 17번~32번): 시료번호 279, 614의 순서로 제시

③ 패널은 제시된 두 가지 시료 중에서 더 좋아하는 것을 선택하여 검사표에 표시한다.

실험결과

32명 패널의 검사표를 토대로 두 시료에 대하여 더 좋아한다고 대답한 수를 정리한 집계표를 만든다.

시료번호	614	279
응답 수		

결과분석 및 결론

① 부록의 표 C를 참고하여 양측검정으로 분석한다.

② 패널 32명이 참여한 소비자검사의 경우에는, 5% 유의수준에서 23명 이상이 더 좋다고 응답을 한 시료에 대하여 소비자가 선호한다고 판정한다.

(계속)

실험 2

선호도검사표

이름:

날짜:

왼쪽의 시료를 맛보신 후 다음 시료를 맛보십시오.

귀하가 좋아하시는 시료번호에 √ 표를 하십시오.

614   279

_____   _____

참여해주셔서 대단히 감사합니다.

실험목적　두 종류의 시료에 대한 소비자의 기호도를 측정하고자 한다.

시료 및 기구　감자칩(치즈맛, 보통맛), 김밥용 햄(A회사, B회사), 접시, 포크

패널　48명을 한 조에 6명씩 편성하고, 12명의 패널이 하나의 그룹이 되어 평가에 참여하도록 한다.

- 1조와 2조, 3조와 4조: 감자칩
- 5조와 6조, 7조와 8조: 김밥용 햄

실험방법

① 검사하려는 시료는 각각 무작위로 추출한 세 자리 숫자로 표시한다.

② 패널 32명이 한 번씩 검사를 하도록 다음과 같은 요령으로 시료를 제시하고 검사하도록 한다.

- 패널 $\frac{1}{2}$ (패널번호 1~6, 13~18, 25~30, 37~42): 시료번호 495, 618
- 패널 $\frac{1}{2}$ (패널번호 7~12, 19~24, 31~36, 43~48): 시료번호 618, 495

③ 패널은 제시된 두 가지 시료에 대하여 5단계(또는 9단계)의 기호척도에 따라 검사표에 기호도를 표시하도록 한다.

실험결과

12명 패널의 검사표를 종합하고, 검사항목별로 두 가지 시료의 점수 차이를 계산한 후 t−검정을 사용하여 분석한다.

점수화하는 방법

5단계의 기호척도에 따라 검사할 경우에는 다음과 같이 점수화한다.

대단히 싫어한다.　−2

싫어한다.　−1

좋지도 싫지도 않다.　0

좋아한다.　1

대단히 좋아한다.　2

(계속)

실험 3

기호도검사표

제품명:

이름:

날짜:

먼저 마련된 물로 입안을 세척한 후 제품을 평가해주십시오.

1. 전반적인 기호도

   ☐   ☐   ☐   ☐   ☐

   대단히   좋지도   대단히
   싫어한다   싫지도 않다   좋아한다

2. 외관

   ☐   ☐   ☐   ☐   ☐

   대단히   좋지도   대단히
   싫어한다   싫지도 않다   좋아한다

3. 향

   ☐   ☐   ☐   ☐   ☐

   대단히   좋지도   대단히
   싫어한다   싫지도 않다   좋아한다

4. 맛

   ☐   ☐   ☐   ☐   ☐

   대단히   좋지도   대단히
   싫어한다   싫지도 않다   좋아한다

5. 조직감

   ☐   ☐   ☐   ☐   ☐

   대단히   좋지도   대단히
   싫어한다   싫지도 않다   좋아한다

대단히 감사합니다.

실험 4 소비자검사 - 기호도검사 II

실험목적 두 종류의 시료에 대하여 소비자가 얼마나 좋아하는지 그 정도를 측정하고자 한다.

시료 및 기구 치즈(검은색, 보통), 식빵(우유식빵, 흑미식빵), 접시, 포크

패널 32명을 한 조에 4명씩 편성하고, 8명의 패널이 한 그룹이 되어 실험에 참여한다.

- 1조와 2조, 3조와 4조: 치즈

- 5조와 6조, 7조와 8조: 식빵

실험방법

① 검사하려는 시료는 각각 무작위로 추출한 세 자리 숫자로 표시한다.

② 패널 32명이 한 번씩 검사를 하도록 다음과 같은 요령으로 시료를 제시하고 검사하도록 한다.

- 패널 $\frac{1}{2}$ (패널번호 1~8, 17~24): 시료번호 741, 528

- 패널 $\frac{1}{2}$ (패널번호 9~16, 25~32): 시료번호 528, 741

③ 패널은 제시된 두 가지 시료에 대하여 5단계(또는 9단계)의 기호척도에 따라 검사표에 기호도를 표시하도록 한다.

결과분석 및 결론

8명의 패널의 검사표를 종합하고, 검사항목별로 두 가지 시료의 점수 차이를 계산한 후 t-검정을 사용하여 분석한다.

점수화하는 방법

5단계의 기호척도에 따라 검사할 경우에는 다음과 같이 점수화한다.

대단히 싫어한다.   -2

싫어한다.   -1

좋지도 싫지도 않다.   0

좋아한다.   1

대단히 좋아한다.   2

(계속)

실험 4

기호도검사표

제품명:

이름:

날짜:

먼저 마련된 물로 입안을 세척한 후 제품을 평가해주십시오.

1. 전반적인 기호도

☐　　　☐　　　☐　　　☐　　　☐　　　☐　　　☐　　　☐　　　☐

대단히　　　　　　　　　좋지도　　　　　　　대단히
싫어한다　　　　　　　싫지도 않다　　　　　좋아한다

2. 외관

☐　　　☐　　　☐　　　☐　　　☐　　　☐　　　☐　　　☐　　　☐

대단히　　　　　　　　　좋지도　　　　　　　대단히
싫어한다　　　　　　　싫지도 않다　　　　　좋아한다

3. 향

☐　　　☐　　　☐　　　☐　　　☐　　　☐　　　☐　　　☐　　　☐

대단히　　　　　　　　　좋지도　　　　　　　대단히
싫어한다　　　　　　　싫지도 않다　　　　　좋아한다

4. 맛

☐　　　☐　　　☐　　　☐　　　☐　　　☐　　　☐　　　☐　　　☐

대단히　　　　　　　　　좋지도　　　　　　　대단히
싫어한다　　　　　　　싫지도 않다　　　　　좋아한다

5. 조직감

☐　　　☐　　　☐　　　☐　　　☐　　　☐　　　☐　　　☐　　　☐

대단히　　　　　　　　　좋지도　　　　　　　대단히
싫어한다　　　　　　　싫지도 않다　　　　　좋아한다

대단히 감사합니다.

CHAPTER 12
감각검사별
통계분석

감각검사별
통계분석

12

통계분석은 수량적으로 파악한 자료를 확률 이론에 기초하여 조사하는 것으로, 표본 측정치를 통해 모집단의 미지수에 대한 근사치를 얻기 위해 사용될 수 있다. 통계분석에는 컴퓨터 프로그램을 주로 사용한다. 본 장에서는 SPSS 프로그램을 중심으로 각 감각검사의 예와 함께 결과를 통계분석하는 방법과 해석하는 방법에 대해서 살펴본다.

1. 감각검사를 위한 통계 기초

1) 평균과 표준편차

통계분석은 동일한 실험에 대해서 반복적으로 수행하여 얻은 데이터를 이용하여 분석한다. 자료의 결과는 평균, 중앙값, 최빈값을 이용하여 나타낼 수 있다. 평균은 자료의 산술평균으로 얻은 무게 중심이 되는 값이다. 중앙값은 실험결과를 일렬로 나열하였을 때 가장 정중앙에 위치한 값이다. 최빈값은 가장 빈도수가 높은 값을 의미한다. 실험의 분석방식이나 목적에 따라 달라지지만 일반적으로 산술평균을 이용하여 데이터를 표기하는 경우가 많다. 이들 결과값을 분석할 때는 데이터가 정규분포를 따른다는 가정하에 결과에 대한 분석이 이루어진다. 산술평균값을 중심으로 얼마나 데이터 관측값이 퍼져 있는가를 나타내는 표준편차, 분산 등을 이용하여 자료의 퍼짐 정도를 확인하게 된다. 표준편차는 분산의 제곱근으로 평균을 중심으로 얼마나 데이터가 퍼져 있는지 예측하는 측도가 될 수 있어 실험의 결과값을 제시할 때 평균과 함께 표기하는 데 주로 사용된다.

실험의 결과값은 평균과 표준편차를 이용하여 주로 서술한다. 예를 들어 9점 척도를 이용하여 새로 개발한 사탕의 단맛에 대해서 평가하는 실험의 결과값이 다음과 같았다고 할 때, 평균과 표준편차는 다음 식에 의해 계산될 수 있고, 결과값을 평균과 표준편차로 표기할 수 있다.

5명이 평가한 사탕의 단맛에 대한 9점 척도의 점수

- 7, 4, 7, 8, 8

평균

$$x = (\sum_{i=1}^{n} x)/n$$
$$= (x_1 + x_2 + \cdots + x_n)/n \tag{1}$$

표준편차

$$S = \sqrt{|\sum_{i=1}^{n} x_i^3 - (\sum_{i=1}^{x} x_i)^2/n|n-1} \tag{2}$$

→ 평균 = (7 + 4 + 7 + 8 + 8) / 5
      = 6.8

표준편차 = $\sqrt{\dfrac{(7-6.8)^2 + (4-6.8)^2 + (7-6.8)^2 + (8-6.8)^2 + (8-6.8)^2}{5-1}}$

      ≒ 1.643168

따라서 사탕의 단맛의 평균값은 6.8점, 표준편차는 1.64(소수 둘째 자리에서 반올림)으로 결과값을 6.8± 1.64로 표기할 수 있다.

2) 모집단과 표본

모집단이란 관심 있는 요소의 총집합으로, 감각검사에서 모집단은 사람일 수 있고, 제품일 수도 있다. 따라서 통계분석을 하고자 하는 특성을 가진 대상 전체가 된다. 표본은 이들 모집단의 특성을 가지고 있는 모집단에 속하는 일부 그룹이며, 모집단으로부터 무작위로 추출된 자료가 된다. 모집단을 이용하여 전체 결과값을 얻기 어려운 경우 일반적으로 표본을 추출하여 모집단의 성질을 파악하게 된다.

예를 들어, 우리나라 20대 인구 전체의 빵에 대한 기호도 평가를 하고 싶다면, 실제 모집단은 우리나라 20대 인구 전체가 되지만, 실제로 해당 실험을 진행할 수 없으니, 대표성을 가지고 있는 20대 인구 일부를 표본으로 뽑아서 빵에 대한 기호도평가를 진행할 수 있다. 따라서 표본을 중심으로 모집단의 특성을 예측해서 해석해볼 수 있게 하는 것이 통계분석의 기초 원리이다.

3) 신뢰구간

표본을 이용해서 모집단의 특성을 분석할 때는 실제로 이들 표본이 모집단의 실제 특성을 얼마나 반영하고 있는가를 예측해야 한다. 표본을 이용한 값은 모집단에 대한 추정치이기 때문에 신뢰구간을 이용하여 얻은 결과값이 반복해서 실험했을 때도 어느 정도의 확률로 나타날 수 있는지를 확인해야 한다. 따라서 신뢰구간은 측정된 추정값이 얼마나 정밀하게 나타나는지를 말해줄 수 있다.

신뢰구간은 단측구간(– 혹은 +인 한쪽 구간만 포함하는 것)과 양측구간(–, +를 포함하는 구간)으로 나타낼 수 있다. α는 신뢰수준을 나타내는 것으로 $\alpha = 0.05$이면 신뢰구간은 $100(1-\alpha)\% = 95\%$가 된다. 따라서 100번 반복해서 실험을 해서 결과값을 얻었을 때, 95번 정도는 신뢰구간 안에 모수를 포함한 결과값을 가지고 있다는 의미가 되고, 5%는 모수를 포함하지 않는 오차구간에 포함될 수 있음을 의미한다.

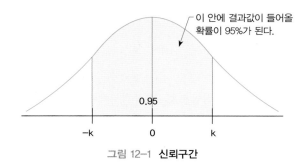

이 안에 결과값이 들어올 확률이 95%가 된다.

0.95

−k   0   k

그림 12-1 **신뢰구간**

4) 통계적 가설 검증

통계의 추론에서 가장 중요한 조건 중 하나는 가설을 세우는 것이다. 가설은 "모수의 미지수가 어떤 측정치와 같다." 혹은 "두 개의 모수의 미지수가 서로 같다." 등의 연구를 통해서 세운 결과값에 대한 추정으로 표본의 정보를 가지고 가설이 맞는지 검증하는 과정이 통계적 가설 검증이다.

일반적으로 새로운 신제품의 품질이 기존제품과 차이가 있거나 없다는 검사를 진행하기 위해서는, 기존에 믿고 있던 귀무가설(null hypothesis: H_0)과 밝히고자 하는 새로운 이론인 대립가설(alternative hypothesis: H_1)을 설정하여 표본으로부터 수집된 정보가 두 가설 중 어떤 가설에 맞는지 확인하게 된다. 이 경우 귀무가설은 일반적으로 "차이가 없다."가 되고, 대립가설은 "차이가 있다."가 된다. 이후 측정된 결과값을 이용하여 가설검증에 의해 결론이 도출되는데, 도출된 결론은 옳을 수도, 옳지 않을 수도 있고 이 과정에서 오류들이 발생할 수 있다.

귀무가설이 옳은데 그것을 옳지 않다고 하는 경우를 Ⅰ형 오류라고 하고, 귀무가설이 옳지 않은데 그것을 옳다고 하거나 버릴 수 없다고 결론을 내리는 경우는 Ⅱ형 오류라고 한다. Ⅰ형 오류를 범할 확률을 α라 하는데 이는 통계처리의 유의수준을 나타내고, Ⅱ형 오류를 범할 확률을 β라 하는데, $1-\beta$는 통계방법의 힘을 나타낸다. 따라서 올바른 결론을 내리기 위해서 α, β의 오류를 최소화하기 위한 실험 설계를 하는 것이 필요하다.

또한 귀무가설에 대한 대립가설은 단측(one-sided)과 양측(two-sided)이 있다. 단측은 "A는 B보다 더 혹은 덜 어떠하다."로 제시되는 가설이고, 양측은 "A와 B는 다르다."를 의미한다. 실험의 설계에 따라서 대립가설은 달라질 수 있고, 두 가지 중 하나를 선택하여 분석한다.

통계가설

H_0: $\mu = \mu_1 - \mu_2 = 0$

H_1: $\mu = \mu_1 - \mu_2 \neq 0$ (양측검증)

$\mu = \mu_1 - \mu_2 > 0$ 또는 $\mu = \mu_1 - \mu_2 < 0$ (단측검증)

<table>
<tr><td></td><td></td><td colspan="2" align="center">결론</td></tr>
<tr><td></td><td></td><td align="center">버림(기각) H₀</td><td align="center">버리지 않음(채택) H₀</td></tr>
</table>

결론

		버림(기각) H_0	버리지 않음(채택) H_0
사실	H_0 참	**Ⅰ형 오류** 확률(도형 오류) = α 예 실제로 차이가 없는데, 차이가 있다고 판단함	옳은 결론
	H_0 거짓	옳은 결론	**Ⅱ형 오류** 확률(Ⅱ형 오류) = β 예 실제로 차이가 있는데, 차이가 없다고 판단함

그림 12-2 Ⅰ형 오류와 Ⅱ형 오류

5) 감각검사에 사용 가능한 통계분석방법

(1) t-검정(t-test)

t-검정은 2가지 시료 간에 차이가 있는지 없는지를 분석하고자 할 때 주로 사용되며, 대응표본 t-검정, 독립표본 t-검정으로 나뉘어 사용된다. 예를 들어 한 명의 패널이 비교하고자 하는 2가지 시료를 다 검사하여 응답하게 되거나, 한 시료에 대해서 공정 변경 전과 후의 평가를 하는 것과 같이 응답이 독립적이지 않고 연관되어 있는 경우는 대응표본 t-검정을 주로 사용한다. 반면에 2시료의 감각검사의 패널의 수가 서로 다르거나, 해당 응답이 독립적인 평가의 경우는 독립표본 t-검정을 통해서 분석한다.

(2) 카이제곱 검정(χ^2-test)

카이제곱 검정은 관찰된 빈도가 기대되는 빈도와 유의미하게 다른지 여부를 검정하기 위해서 사용되는 검정방법으로, 서로 관계성이 있는지 독립적인지 판단하기 위해 사용하는 검정방법이다. 측정된 변수 간의 상호관련성을 확인하거나, 두 변수 간의 분포가 유사한지 여부 등을 확인할 수 있다.

(3) 분산분석(ANOVA, ANalysis Of VAriance)

분산분석은 3개 이상의 시료 평가 시 평균을 분석하는 방법으로 독립변수의 수에 따라서 일원배치, 이원배치, 다원배치 분산분석을 진행할 수 있다. 분산분석으로 평가하는 시료의 평균값의 크기 차이 분석을 통해서, 시료 간의 평균값이 실제로 차이가 있는지 혹은 차이가 없는지를 분석할 수 있다. 분산분석을 하기 위해서는 각 시료의 값이 독립적이어야 하고 모집단은 정규분포를 따라야 한다.

(4) 상관분석(correlation analysis)

상관분석은 두 개의 변수들 간의 관계를 분석하는 방법으로 두 변수 사이의 선형관계를 나타내는 상관계수를 이용하여 변수들 간의 관계를 설명하는 것이다. 하나의 변수가 다른 변수와 어느 정도의 밀접한 관련성을 가지면서 변화하는가를 알 수 있다. 예를 들어 식품의 기호도에 외관특성, 맛특성, 냄새특성 등이 영향을 주는지 여부를 확인하기 위해서 상관분석을 사용할 수 있다.

(5) 회귀분석(regression analysis)

회귀분석은 주어진 독립변수가 종속변수에 어떠한 영향을 주는가를 함수적 관계로 확인하는 방법이다. 이때 주어지는 영향을 주는 변수의 수에 따라서 하나인 단순 회귀분석과 여러 개인 다중 회귀분석을 사용하여 분석할 수 있다. 상관분석과 달리 단순관계 설명이 아니라 주어진 변수가 결과에 어떠한 영향을 미치는지 영향을 추정할 수 있다는 점에서 상관분석과 차이가 있다.

(6) 주성분분석(PCA, Principal Component Analysis)

주성분분석은 많은 변인 중에서 측정되는 결과값을 가장 잘 설명할 수 있는 변인을 추출해서 해석하는 방법으로, 데이터 간의 연관성을 구별할 수 있는 숨겨진 변수인 주성분을 찾거나 여러 가지 변수 중에 가장 크게 영향을 미치는 주성분을 찾아내는 분석 방법이다.

예를 들어 식빵에 대해서 30가지의 품질 지표를 측정하였을 때, 각 품질 지표 간에 서로 영향을 주는 변인들 중 가장 크게 결과값을 분류할 수 있는 주성분을 찾아내고, 주성분 지표를 중심으로 각각의 지표들을 그룹화하여 묶을 수 있다. 측정한 각 식품이 어떤 지표들과 더 가깝게 위치하는지를 확인하여, 해당 시료에 영향을 주는 품질 지표가 무엇인지 분석할 수 있다. 따라서 여러 변인 간의 상호관계성과 영향도를 확인할 수 있다.

2. 통계분석의 사례

1) 종합적 차이검사의 사례

종합적 차이검사는 일반적으로 2가지 시료에 대해서 차이점 분석을 하는 검사로 두 가지 시료가 같거나 다르다는 것을 분석한다.

(1) 삼점검사의 통계분석

● **삼점검사의 예**

실험목적
한 우유 회사에서 저지방 우유를 새로운 공정으로 개발하였다. 해당 저지방 우유가 기존 우유와 비교하였을 때 동일한 맛의 품질을 나타내는지 확인하여, 품질이 나쁘지 않으면 공정을 대체하여 사용하고자 한다. 이 결과를 얻기 위해서 2가지 시료가 종합적인 차이를 보이는지 삼점검사법을 통하여 알아보고자 한다.

시료 및 기구
2가지 종류의 우유(새로 개발한 방법을 사용한 저지방 우유, 기존 우유), 컵

실험방법
1) 시료의 준비
① 종이컵에 난수표를 이용하여 서로 다른 번호를 작성하여 준비한다.
　　예 352, 913 등
② 각 시료는 1개만 다르고 2개는 같은 시료로 담아 준비하며 왼쪽부터 순서대로 정렬하여 놓는다.
　　예 352: 새로 개발된 우유, 913 : 기존 우유, 705 : 새로 개발된 우유
③ 각 종이컵에 준비된 우유를 약 20~30mL 따라서 준비하고, 입을 헹굴 물컵을 함께 제공한다.

2) 시료의 삼점검사
① 패널들은 순서대로 주어진 제공된 3개의 시료를 왼쪽에서 오른쪽으로 맛본다.
② 충분히 맛보고, 3가지 중 어느 것이 다른 시료인지 시료의 번호를 기입한다.

(계속)

제공된 시료를 왼쪽에서 오른쪽으로 순서대로 맛보시오. 주어진 시료 중 2가지는 같고 1가지는 다르다. 다른 시료 하나를 찾아 시료번호를 작성하시오.

	시료번호	다른 시료
세트 1	352 913 705	_____
세트 2	820 147 695	_____

실험결과 및 해석

1) 실험결과

다음과 같이 시료를 담은 조건으로 총 패널 수 30명의 분석을 진행했다고 했을 때 결과를 해석해보겠다.

세트 1	352	913	705
	새로 개발된 우유	기존 우유	새로 개발된 우유
세트 2	820	147	695
	새로 개발된 우유	새로 개발된 우유	기존 우유

제공된 시료의 세트별 정답자 수가 다음과 같았다. 총 패널 수 60명(30명이 2번 반복 실험)을 기준으로 총 정답을 맞힌 수는 36번이 된다.

시료	패널 수	정답 수
세트 1	30	17
세트 2	30	19
합계	60	36

2) 실험결과 해석

(1) 검사의 목적 및 가설

공정을 바꾸었을 때의 기존 방법을 사용한 우유와 품질에 있어서 차이가 있어 구분할 수 있는지 검증한다. 귀무가설은 "품질의 차이가 없다."가 되고 대립가설은 "품질에 차이가 있다."가 된다.

(2) 결과 해석

부록의 표 B의 삼점검사의 유의성 검정표($p = 1/3$, 우연히 정답을 맞힐 확률 1/3)로 결과값을 대입해서 해석하면, 총 패널 수 60명의 정답을 맞힌 수는 36명이므로, 유의적 차이를 표명할 수 있는 최소 정답 수가 신뢰구간 $\alpha = 0.05$(27명), $\alpha = 0.01$(29명), $\alpha = 0.001$(32명) 수준에서 전부 다 초과하게 된다. 따라서 유의차를 표명할 수 있는 최소 응답 수보다 많기 때문에 귀무가설을 기각할 수 있고, 실제 공정이 다른 저지방 우유 두 개는 서로 품질의 차이가 있다는 것을 입증할 수 있게 된다.

따라서 두 공정으로 제조된 우유는 공정에 따라서 우유의 맛이 달라지고, 이는 품질에 영향을 줄 수 있기 때문에 새로 개발한 저지방 우유 공정은 적절하지 않다고 설명할 수 있다.

(2) 일-이점검사의 통계분석

● **일-이점검사의 예**

실험목적

일-이점검사는 삼점검사와 달리 검사에서 우연히 맞힐 확률이 1/2로 삼점검사보다 크기 때문에 신뢰가 있는 유의미한 결과값을 얻기 위해서는 더 많은 검사원이 필요하다. 만약에 회사에서 기존에 만들어서 판매하고 있는 비스킷의 재료 중에 설탕 첨가량을 줄였을 때, 단맛의 차이가 느껴지는지를 일-이점검사를 사용하여 분석할 수 있다. 이때 기준시료(R)는 기존제품을 사용하여 동일 기준시료를 사용할 수도 있고, 기준시료를 바꿔가며 균형 기준시료 방식으로 분석할 수 있다.

시료 및 기구

2가지 종류의 비스킷(공정 A, 공정 B)

실험방법

1) 시료의 준비

① 시료를 담는 그릇에 난수표를 이용하여 서로 다른 번호를 작성하여 준비한다.
　예 352, 913 등
② 기준시료(R)를 정하여 표기한다. 세트마다 기준시료를 같게 할 수도 있고, 다르게 할 수 있다. 기준시료를 가장 왼쪽에 제시하고, 거리를 둔 후 평가에 사용할 시료를 제시한다.
③ 기준시료와 평가에 사용할 시료를 함께 제시하여 패널이 검사에 사용하게 한다.

2) 시료의 일-이점검사

① 패널들은 기준시료를 가장 먼저 맛보고, 주어진 제공된 2개의 시료를 왼쪽에서 오른쪽으로 순서대로 맛본다.
② 충분히 맛보고, 2가지 중 어느 것이 기준시료와 같은 시료인지 시료의 번호를 기입한다.

일-이점검사 감각검사지의 예

다음 시료를 왼쪽에서 오른쪽으로 맛보시오.
왼쪽에 있는 것(R)은 기준시료이다.
나머지 두 시료 중 어느 것이 기준시료와 같은지 해당란에 표시하시오.
두 시료 간에 분명한 차이가 없으면 최대한 추측하여 결정하시오.

	시료번호	기준시료(R)와 같은 것
세트 1	352　913	_____
세트 2	810　476	_____

(계속)

실험결과 및 해석
1) 실험결과
다음과 같이 시료를 담은 조건으로 총 패널 수 30명의 분석을 진행했다고 했을 때 실험결과를 해석한다.

세트 1	기준 시료(R)	352	913
	공정 A	공정 A	공정 B
세트 2	기준 시료(R)	810	476
	공정 A	공정 B	공정 A

제공된 시료의 세트별 정답자 수는 다음과 같았다. 총 패널 수 60명 기준 기준시료와 같은 샘플의 정답을 맞힌 수는 25명이다.

시료	패널 수	정답 수
세트 1	30	12
세트 2	30	13
합계	60	25

2) 실험결과 해석
(1) 검사의 목적 및 가설
회사에서 기존에 만들어서 판매하고 있는 비스킷의 재료 중에 설탕의 첨가량을 줄여서 제조하였을 때의 단맛의 차이가 느껴지는지를 검증한다. 귀무가설은 "단맛의 차이가 없다."가 되고, 대립가설은 "단맛의 크기가 기존제품이 더 크다."가 된다.
본 실험에 설계된 가설이 양측검정인지 단측검정인지 알아보는 방법은 다음과 같다.

(2) 가설의 설계
① 양측검정인 경우
   만약에 어느 회사에서 레몬 음료용 믹스를 두 가지 개발하여 이 중 어느 것이 신선한 레몬주스 향미특성을 갖는지 측정하고자 한다.
   - 검사목적: 두 제품 중 어느 것이 신선한 레몬주스향 특성을 갖는지 측정한다.
   - 결과분석: 귀무가설은 "A의 신선도와 B의 신선도가 같다."라는 것이며, 대립가설은 "A의 신선도와 B의 신선도가 같지 않다."라는 것으로 양측검정이다.

② 단측검정인 경우
   탄산음료 제조회사에서 음료 A의 단맛이 약하다는 소비자의 보고를 받았다. 그래서 설탕 참고량을 늘린 음료 B를 시험 생산하였다.
   - 검사목적: B제품이 A제품보다 더 달거나 그 정도가 같은지 측정한다.
   - 결과분석: 귀무가설은 "A의 단 정도와 B의 단 정도가 같다."이고, 대립가설은 "B의 단 정도가 A의 단 정도보다 크다."로 정했기 때문에 단측검정법을 사용한다.

(계속)

③ 비스킷 실험의 검정법

　　본 비스킷 실험은 설탕 첨가량을 줄여서 그 맛이 같거나, 줄이지 않은 쪽의 단맛이 더 크다는 결과를 전제로 측정하는 것이기 때문에 단측검정에 해당한다. 따라서 결과의 해석은 단측검정을 이용하여 할 수 있다.

(3) 결과의 해석

부록 표 C의 일-이점검사의 유의성 검정표(p = 1/2, 우연히 정답을 맞힐 확률 1/2)로 결과값을 대입해서 해석하면, 총 패널 수 60명의 정답을 맞힌 수는 25명이므로, 단측검정으로 볼 때 유의적 차이를 표명할 수 있는 최소 정답 수가 신뢰구간 α = 0.05(37명), α = 0.01(40명), α = 0.001(43명) 수준으로 전부 다 도달하지 못했다. 따라서 유의차를 표명할 수 있는 최소 응답 수보다 적기 때문에 귀무가설을 기각할 수 없고, "두 제품의 단맛은 같다"로 해석할 수 있다. 따라서 비스킷의 제조에서 설탕의 첨가량을 줄인 비스킷에서 단맛의 차이가 나타나지 않았기 때문에 줄인 레시피로 제품을 제조해도 된다고 설명될 수 있다.

(3) A-부A 검사법

● A-부A 검사의 예

실험목적

A-부A 검사는 두 제품 간에 감각 차이가 있는지 평가하기 위한 검사방법으로 주로 삼점검사와 일-이점 검사가 어려운 시료에 사용한다. 자극적인 시료나 향미가 오래 남는 시료 등이 주로 많이 사용된다. 주로 두 시료 중 하나가 연구사업의 목적상 중요하여 기준 검사물로 중요하거나, 한쪽이 패널에 익숙한 맛인 경우 A-부A 검사법을 사용한다. 예를 들어 고춧가루를 첨가한 소스를 판매하는 업체에서, 고춧가루의 원료 가격이 올라 이를 대체하기 위하여 고춧가루 대신 캡사이신 분말을 넣은 소스를 개발하였을 때 원료의 차이가 재료에 영향을 주었는지 알아보는 실험을 진행할 수 있다.

시료 및 기구

2가지 종류의 매운맛 소스(고춧가루 첨가, 캡사이신 첨가)

실험방법

1) 시료의 준비

① 시료를 담는 그릇에 난수표를 이용하여 서로 다른 번호를 작성하여 준비한다.

　　예 208, 649 등

② 기존에 사용되고 있던 고춧가루를 첨가한 소스가 A시료가 되고, 이를 대체하여 제조한 캡사이신을 첨가한 시료가 부A시료가 된다.

③ 각 시료는 1개 시료를 연속적으로 10개 제공하는 방식을 사용하였고, 순서대로 제공한 1~10가지 시료에 A와 부A를 무작위로 배치하여 패널에게 평가하게 한다.

④ 자극적인 시료(고춧가루, 캡사이신 포함)이기 때문에 동반식품을 함께 제공할 수 있다.

　　예 떡, 빵 등

(계속)

2) 시료의 A-부A 검사

① 패널들은 기준이 되는 A시료를 익숙해질 때까지 맛본다.

　기준시료를 가장 먼저 맛보고, 주어진 제공된 2개의 시료를 왼쪽에서 오른쪽으로 순서대로 맛본다.

② 충분히 맛보고, 2가지 중 어느 것이 기준시료와 같은 시료인지 시료의 번호를 기입한다.

A-부A 감각검사지의 예

다음 시료를 평가하기 전 제공되는 기존시료(A)의 맛에 익숙해지도록 맛보시오. 이후 제공되는 총 10가지의 시료를 순서대로 맛보고, A시료인지 부A시료인지 검사표에 해당하는 칸에 표기하시오.

시료번호	A	부A
208		
649		
726		
183		
480		
921		
473		
036		
826		
579		

실험결과 및 해석

1) 실험결과

제공된 시료의 A시료와 부A시료 여부가 다음과 같을 때 실험결과를 해석한다.

시료번호	A	부A
208	○	
649		○
726		○
183	○	
480		○
921	○	
473		○
036	○	
826	○	
579		○

(계속)

총 10명의 패널이 각 10개의 시료에 대해서 검사를 했고, 제공된 시료의 정답자 수는 다음과 같았다. 따라서 A시료의 경우 A라고 맞게 답한 횟수는 34회이고, 부A의 경우 부A라고 맞게 응답한 횟수는 20회가 된다.

응답 \ 시료	A	부A	합계
A	34	30	64
부A	16	20	36
합계	50	50	100

2) 실험결과 해석

(1) 검사의 목적 및 가설

회사가 기존에 만들어서 판매하는 매운맛 소스의 고춧가루 첨가량을 줄이는 대신 캡사이신을 넣어 이를 대체 가능한지 확인하고자 한다. 일반적으로 A-부A 검사는 카이제곱(x^2 검정)을 통해 분석한다. 카이제곱검정은 관찰된 빈도가 기대되는 빈도와 유의미하게 다른지 여부를 검정하기 위해서 사용되는 검정방법으로, 서로 관계성이 있는지 독립적인지 판단하는 방법이다.

따라서 본 실험에서는 기존에 사용하던 고춧가루 대신 캡사이신을 첨가하였을 때 시료의 맛에 영향이 있는지 없는지 판단하는 방식으로 결과를 해석할 수 있다. 본 실험의 귀무가설은 "소스 간의 맛이 같다."이고 대립가설은 "소스 간의 맛이 같지 않다."가 된다. x^2 분포의 자유도(df)는 범주의 개수 –1이다. 따라서 범주가 2개인 본 실험에서 자유도는 1이 된다.

(2) 결과값의 계산

x^2 값은 다음과 같은 계산식으로 계산될 수 있다.

$x^2 = \sum$ (관측값–기대값)^2/기대값

A의 기대값 = 64 × 50/100 = 32

부A의 기대값 = 36 × 50/100 = 18

x^2 = (34–32)2/32 + (30–32)2/32 + (16–18)2/18 + (20–18)2/18 = 0.69

(3) 결과의 해석

부록 표 D의 x^2 분포표에서 자유도(df) 1과 a = 0.05에서의 x^2 값인 3.84보다 작기 때문에 시료 간에 통계적으로 유의적인 차이가 없다. 즉, 기존 고춧가루만 사용한 소스와 캡사이신을 혼합하여 사용한 시료의 맛에 차이가 없다고 분석될 수 있다.

따라서 캡사이신으로 대체하여 소스를 제조해도 맛 차이가 없기 때문에 공정의 변화를 유도할 수 있음을 의미할 수 있다.

2) 특성차이검사의 사례

특성차이검사는 2개 이상의 시료를 이용하여 식품을 구성하고 있는 특성치 1가지 이상의 차이를 비교 분석하는 실험이다. 주로 순위법과 평점법이 이에 해당된다. 일반적으로 2개 시료를 평가하는 경우 스튜던트(Student)의 t-검정방법을 이용하여 분석하며, 3개 이상의

시료를 평가하는 경우 분산분석 등을 사용하여 분석한다. 2개의 시료의 평가와 3개 이상 시료의 평가방법에 대해서 실험의 예와 함께 확인하도록 하겠다.

(1) 대응표본 t-검정

●**평점법을 이용한 대응표본 t-검정의 예**

실험목적
2가지 종류의 소금의 품질에 대한 강도를 점수로 표시하여 시료 간 특성에 차이가 있는지를 조사한다.

시료 및 기구
소금 2종(꽃소금, 천일염) (동반식품: 감자)

실험방법
1) 시료의 준비
① 시료를 담는 그릇에 난수표를 이용하여 서로 다른 번호를 작성하여 준비한다. 예 912, 467 등
② 동반식품은 일정한 크기로 잘라 준비한다. 감자의 경우 2×2×2cm의 크기로 소금을 찍어서 먹어 평가할 수 있게 제시할 수 있다.
③ 각 시료의 평가는 왼쪽에서 오른쪽 순으로 진행한다.

2) 시료의 평점법
패널들은 준비된 시료를 순서대로 맛보고, 각 시료의 색, 짠맛, 얼얼함, 쓴맛, 기호도 항목에 대해서 주어진 평가 기준치에 맞춰서 시료의 결과값을 작성한다.
※ 현재 제시된 평점법의 척도는 항목척도로 9점 점수법으로 제시되어 있기 때문에, 정수로 해당 감각평가항목에 대한 결과값을 작성한다.

평점법 감각검사지의 예

다음 두 가지 소금 시료를 순서대로 맛보고 다음 항목에 대해서 평가하시오. 평가는 9점 점수법으로 각 항목에 대해 가장 큰 값을 9점, 가장 작은 값을 1점으로 표시하시오.

구분		912	467
감각검사	색		
	짠맛		
	얼얼함		
	쓴맛		
전체적인 기호도			

(계속)

- 색: 색이 밝을수록 1점, 어두울수록 9점
- 짠맛: 짠맛이 약할수록 1점, 강할수록 9점
- 얼얼함: 얼얼함이 약할수록 1점, 강할수록 9점
- 쓴맛: 쓴맛이 약할수록 1점, 강할수록 9점
- 전체적인 기호도: 기호도가 낮을수록 1점, 높을수록 9점

실험결과 해석

1) 실험결과

- 912: 천일염, 467: 꽃소금이고, 패널 10명의 짠맛에 대한 평가가 다음과 같을 때 실험결과를 해석한다.

짠맛 감각평가	꽃소금	천일염
패널 1	8	6
패널 2	7	7
패널 3	9	9
패널 4	7	8
패널 5	7	6
패널 6	8	8
패널 7	7	6
패널 8	9	7
패널 9	6	8
패널 10	9	8
전체 평균 및 표준편차 (소수 둘째 자리에서 반올림)	7.7±1.1	7.3±1.1

- 각 실험은 한 명의 검사원이 꽃소금과 천일염을 모두 평가하여 각 응답은 독립적이지 않기 때문에 대응표본 t-검정을 사용한다. 일반적으로 대응표본 t-검정은 동일한 모집단에서 추출된 동일한 표본의 평균을 비교하는 경우 많이 사용하며, 사전검사와 사후검사 결과의 비교처럼 서로 종속되어 있는 경우 주로 실시한다.
- 이때의 귀무가설은 "두 개의 짠맛이 같다."이고, 대립가설은 "두 개의 짠맛은 같지 않다."로 양측검정으로 검정한다.
- 짠맛 외 다른 항목에 대한 평가도 동일한 통계분석 방식을 사용하여 분석하면 된다.

2) SPSS를 이용한 결과의 통계분석 및 해석

① 시료의 짠맛 감각검사 결과를 워크시트에 입력한다. 변수에 짠맛에 대한 꽃소금과 천일염의 표본 10명에 대한 결과값을 순서대로 입력한다.

(계속)

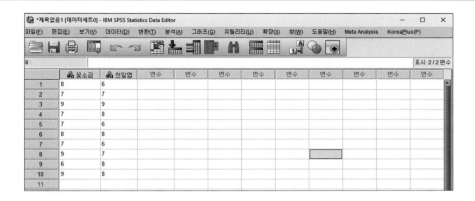

② 분석의 평균 비교창에서 대응표본 T검정을 선택해서 클릭한다.

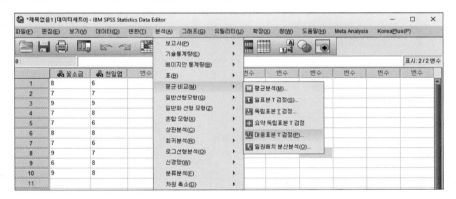

③ 꽃소금과 천일염을 각각의 변수에 입력한 후, 옵션에서 신뢰구간을 정한다. 여기서는 95%($p < 0.05$)로 설정하도록 하겠다. 99%($p < 0.01$)로 하는 경우 1% 내로 오차가 들어가는 것을 의미하므로, 95%보다 더 민감하게 차이를 구별하겠다는 것을 의미한다.

(계속)

④ SPSS를 이용하여 평가한 결과값은 다음과 같다. 대응표본 통계량 값을 통해서 각 시료의 평균, 시료의 수(N), 표준편차가 제시되어 있음을 확인할 수 있다. 대응표본검정의 유의확률은 0.343으로 실험 설계에서 세웠던 $p < 0.05$에 속하지 않는다. 따라서 본 실험의 결과는 귀무가설을 기각할 수 없고, 꽃소금과 천일염의 짠맛은 7.7점과 7.3점의 평균 점수로 수치의 차이는 있지만, 실제 짠맛은 거의 같다고 볼 수 있기 때문에, 어느 한쪽이 크거나 작다고 설명할 수 없다.

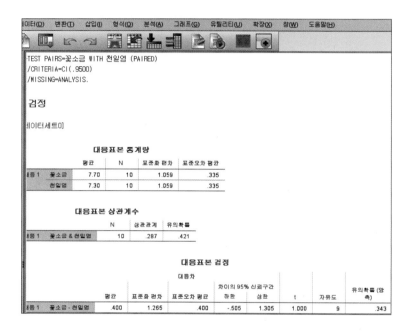

따라서 본 실험의 결과는 다음과 같이 표현할 수 있다.
꽃소금(7.7점)과 천일염(7.3점)의 짠맛은 유의미한 차이가 없는 것으로 나타났다($t = 1.000$, $p < 0.343$).
만약 유의확률이 $p < 0.05$ 이하였다면, 귀무가설을 기각할 수 있기 때문에 유의적인 차이가 있으며, 짠맛이 서로 다르다고 결론을 내릴 수 있다.

(2) 독립표본 t-검정

●**평점법을 이용한 독립표본 t-검정의 예**

실험목적
2가지 종류의 브랜드의 커피의 품질에 대한 강도를 점수로 표시하여 시료 간 특성에 차이가 있는지를 조사한다.

시료 및 기구
서로 다른 브랜드의 커피 2종(A사, B사)

실험방법
1) 시료의 준비
① 시료를 담는 컵에 난수표를 이용하여 서로 다른 번호를 작성하여 준비한다. 예 182, 905 등
② 음료는 일반적으로 20~30mL로 준비하며, 커피는 실제 마시는 온도 범위에서 준비하는 것이 평가에 용이하기 때문에 50℃ 정도의 온도로 준비하여 평가한다.

2) 시료의 평점법
① 패널들은 준비된 시료를 순서대로 맛보고 커피의 쓴맛을 평가한다.
② 9점 점수법으로 제시되어 있기 때문에 감각평가항목에 대한 결과값을 작성한다.

평점법 감각평가지 예

2종류의 커피를 순서대로 맛보시오.
평가는 9점 점수법으로 각 항목에 대해 가장 큰 값을 9점, 가장 작은 값을 1점으로 표시하시오.

구분	182	905
쓴맛		

쓴맛: 쓴맛이 약할수록 1점, 강할수록 9점

실험결과 해석
1) 실험결과
• 182: A사 커피, 467: B사 커피이고, A사의 커피의 쓴맛은 10명, B사 커피의 쓴맛은 14명이 분석한 결과표가 다음과 같을 때 실험결과를 해석한다.

(계속)

짠맛 감각평가	A사 커피	B사 커피
패널 1	7	5
패널 2	5	5
패널 3	6	4
패널 4	6	6
패널 5	5	5
패널 6	7	4
패널 7	6	5
패널 8	8	7
패널 9	4	4
패널 10	6	5
패널 11		6
패널 12		5
패널 13		4
패널 14		5
전체 평균 및 표준편차 (소수 둘째 자리에서 반올림)	6.0±1.2	5.0±0.9

- 각 실험은 서로 다른 검사원이 커피 A와 B에 대해서 평가한 것이기 때문에, 응답이 독립된 특성을 보인다. 따라서 독립표본 t–검정을 활용하여 평가한다.
- 이때의 귀무가설은 "두 개의 쓴맛이 같다."이고, 대립가설은 "두 개의 쓴맛은 같지 않다."로 양측검정으로 검정한다.

2) SPSS를 이용한 결과의 통계분석 및 해석

① 시료의 쓴맛 감각검사 결과를 워크시트에 입력한다. 변수에 쓴맛에 대한 커피 A와 B의 표본 10명, 14명에 대한 결과값을 순서대로 입력한다. 시료명은 숫자로 변경하여 표기한다. 대응표본과 달리 쓴맛을 평가한 결과값은 하나의 변수에 동시에 입력하며 각 결과값에 대한 시료명을 다른 변수에 입력하여 표기한다.

예를 들어, A사의 커피를 1, B사의 커피를 2로 수치로 바꾸어 시료명을 작성하고, 옆에 해당 패널들의 결과값을 입력한다.

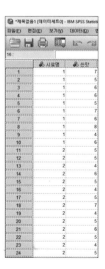

(계속)

② 분석의 평균비교에서 독립표본 T검정을 선택해서 클릭한 후, 집단변수에 '시료명', 검정 변수에 '쓴맛'을 입력한다. 집단변수의 집단 정의는 이름으로 입력했던 시료명을 입력한다. 옵션에서 신뢰구간은 95%로 선택하여 여기서는 분석한다. 이 역시 대응표본의 분석과 마찬가지로 신뢰구간 수치를 높일수록 더 세밀하게 분석함을 의미한다.

③ SPSS를 이용하여 분석한 결과값은 다음과 같다. 집단 통계량을 통해 각 시료의 평가수(N), 평균, 표준편차를 확인할 수 있다.
- 해당 결과에서는 레빈(Levene)의 등분산 검정을 통해서 1차적으로 표본의 분산의 동일성 검정을 해야 한다. 레빈의 등분산 검정에서 귀무가설은 "두 표본은 등분산이다."이고, 대립가설은 "두 표본은 등분산이 아니다."이다. 현재 결과값을 보면 레빈의 등분산 검정에서 유의확률은 0.444로 초기에 설정한 신뢰구간 $p < 0.05$를 초과하기 때문에 "두 표본은 등분산이다."라는 귀무가설을 기각할 수 없다. 따라서 등분산 검정의 귀무가설이 충족된다고 볼 수 있다. 결과적으로 본 표본의 분산형태는 두 표본 모두 등분산을 나타냄을 알 수 있다. 이 경우 본 실험의 쓴맛에 대한 동일성에 대한 t검정은 '등분산을 가정함'을 이용해서 결과값을 읽어야 한다.
- 본 실험에서 표본 평균의 동일성에 대한 t검정 결과값의 유의확률은 $p < 0.024$로, 설정한 유의수준 $p < 0.05$ 이하이므로, 실험결과 커피 A와 B의 쓴맛에는 유의적인 차이가 있음을 알 수 있다.

따라서 본 실험의 결과값은 다음과 같이 나타낼 수 있다.
커피 A(6점)와 커피 B(5점)의 쓴맛은 유의적인 차이가 있다($t = 2.415$, $p < 0.024$).

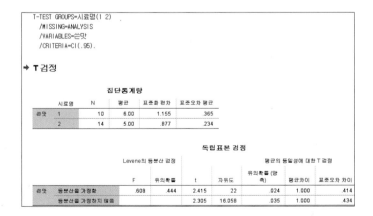

(3) 3개 이상 시료의 평가: 일원분산분석

n개 이상의 모집단이 각각 정규분포를 따른다고 가정하고, 각 모집단에서 표본을 추출하여 평균 간의 차이가 있는지 비교하는 경우는 다음과 같은 가설을 세울 수 있다.

- 귀무가설: 각 평균은 동일하다.
- 대립가설: 적어도 한 모집단의 평균은 다른 모집단과 다르다.

이러한 가설을 검증하는 과정에서 일원분산분석을 사용할 수 있으며, 이를 통해 시료 간의 평균값이 같은지 차이가 있는지를 확인할 수 있다. 만약 귀무가설이 기각된다면, 각 모집단은 서로 다르다는 결론을 얻을 수 있고, 이들 모집단 간에 어떠한 차이가 있는지를 알아보기 위한 사후검정의 추가분석을 진행할 수 있다. 가장 많이 사용되는 사후분석방법은 Tukey, Duncan 방법 등이 있다. Tukey 검정은 시료들 간에 차이가 있는지 없는지를 분석하는 방법이고, Duncan 검정은 평균값을 단계적으로 비교하는 방법으로 크기의 순서를 나타낼 수 있다. 주로 이러한 일원분산분석을 사용하여 분석하는 방법으로 순위법과 평점법이 있으며, 순위법 실험을 일원분산분석 하여 Duncan 사후검정한 결과값을 해석하는 법을 함께 설명하겠다.

● 순위법 실험 일원분산분석의 예

실험목적
3가지 종류의 참치캔의 감각적 특성에 차이가 있는지를 순위법을 사용하여 검사한다.

시료
브랜드가 서로 다른 참치 3종

실험방법
1) 시료의 준비
① 시료를 담는 그릇에 난수표를 이용하여 서로 다른 번호를 작성하여 준비한다.
　예 652, 391, 507 등
② 참치 시료를 3g 정도로 분할하여 그릇에 담아 일정한 양만큼 제공한다.

(계속)

2) 시료의 순위법

① 패널들은 각 참치를 놓인 순서대로 맛을 보고 시료의 외관의 색, 짠맛, 비린 맛, 비린 향, 경도, 전체적인 기호도항 목에 대해서 순서대로 평가한다.

② 한 시료를 맛본 후 제공된 물로 입가심을 하고 다시 시료를 맛보도록 한다.

순위법의 감각검사 평가지의 예

다음은 서로 다른 종류의 참치에 대한 감각검사입니다.

각 감각검사항목에 대해서 1, 2, 3순위로 평가하여 작성하기 바랍니다.

시료번호	652	391	507
외관의 색			
짠맛			
비린 맛			
비린 향			
경도			
전체적인 기호도			

- 외관의 색: 외관의 밝고 어두움(밝을수록 1순위)
- 짠맛: 짠맛이 강할수록 1순위
- 비린 맛: 어패류가 가지고 있는 비린 맛(비린 맛이 강할수록 1순위)
- 비린 향: 어패류가 가진 바다 냄새와 연관된 비린 향(비린 향이 강할수록 1순위)
- 경도: 입안에서 씹었을 때의 단단함(단단함이 강할수록 1순위)
- 전체적인 기호도: 참치의 기호도가 높을수록 1순위

실험결과 해석

1) 실험결과

- 세 개 이상의 처리군 간의 차이를 검정할 때는 분산분석(ANOVA)을 수행하여 평균을 비교할 수 있다.
- 본 실험의 결과값 중 3개의 참치에 대해서 짠맛에 대한 평가결과를 비교하여 어떤 참치캔의 짠맛이 가장 강한지 평가하고자 한다. 짠맛에 대한 10명의 패널에 대한 결과값은 다음과 같다.

짠맛 감각평가	652	391	507
패널 1	1	2	3
패널 2	1	2	3
패널 3	1	3	2
패널 4	1	2	3
패널 5	2	1	3
패널 6	1	2	3

(계속)

짠맛 감각평가	652	391	507
패널 7	1	2	3
패널 8	1	2	3
패널 9	1	2	3
패널 10	1	2	3
전체 평균 및 표준편차 (소수 둘째 자리에서 반올림)	1.1±0.3	2.0±0.5	2.9±0.3

- 본 실험의 귀무가설은 "모든 짠맛은 같다."이고, 대립가설은 "이들 중 적어도 하나의 짠맛은 같지 않다."이다.

2) SPSS를 이용한 결과의 통계분석 및 해석

① 결과값은 시료명과 짠맛 순으로 입력하고, 10명의 패널이 평가한 결과값을 입력한다. 시료명은 숫자로 대체하여 작성한다.

예를 들어, 652=1, 391=2, 507=3으로 숫자를 변환하여 입력하여 시료를 구분한다.

② 분석에서 평균 비교, 일원배치 분산분석을 클릭하여 분석한다. 요인에 시료명을 넣고, 종속변수에 참치의 짠맛 자료를 넣는다. 사후분석 옵션에서 Duncan의 검정방법을 선택한다. Duncan의 사후검정은 분석된 결과값의 순위를 매길 수 있기 때문에 순위법이나 평점법을 사용하여 시료를 분석하였을 때 각 결과값의 크기의 순서를 비교할 수 있게 해준다.

(계속)

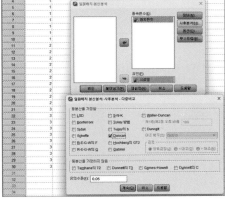

③ 분석의 결과값은 다음과 같다. ANOVA test의 유의확률은 $p < 0.000$으로 설정한 유의수준 $p < 0.05$ 이하이므로 세 시료 간에 차이가 있다는 것을 알 수 있다. 세 가지 시료가 어떠한 차이가 나는지 보기 위해 Duncan의 사후검정 결과값을 확인하면, 숫자로 지정한 시료 1, 2, 3의 크기 순서를 확인할 수 있다.

해당 크기의 차이는 유의수준 안에서 부분집합으로 표기할 수 있는데 1, 2, 3 부분집합의 순서로 시료의 크기값이 점차 커지는 것을 확인할 수 있다. 따라서 시료 1번이 가장 크기가 작고, 2번이 그다음, 3번이 그다음임을 알 수 있다.

```
ONEWAY 참치판맛 BY 시료명
  /MISSING ANALYSIS
  /POSTHOC=DUNCAN ALPHA(0.05).
```

→ 일원배치 분산분석

ANOVA

참치판맛

	제곱합	자유도	평균제곱	F	유의확률
집단-간	16.200	2	8.100	57.553	.000
집단-내	3.800	27	.141		
전체	20.000	29			

사후검정

동질적 부분집합

참치판맛

Duncan[a]

		유의수준 = 0.05에 대한 부분집합		
시료명	N	1	2	3
1	10	1.10		
2	10		2.00	
3	10			2.90
유의확률		1.000	1.000	1.000

동질적 부분집합에 있는 집단에 대한 평균이 표시됩니다.
a. 조화평균 표본크기 10.000을(를) 사용합니다.

(계속)

④ 분석이 완료된 결과값을 다음과 같이 해석할 수 있다.

참치 3개 브랜드의 짠맛 감각검사결과 짠맛은 유의적인 차이가 있었고, 참치 A가 가장 덜 짜고, 참치 B, 참치 C 순으로 짠맛이 크다($p < 0.05$).'

구분	참치 A	참치 B	참치 C
짠맛 감각검사결과	1.1±0.3[a]	2.0±0.5[b]	2.9±0.3[c]

※ Duncan의 사후검정에 따른 짠맛의 순서는 소문자 영문으로 크기 표기를 할 수 있으며, 일반적으로 위첨자로 표기한다.

3) 상관분석(correlation analysis)

식빵의 기호도조사와 관련하여 최종적인 기호도에 식빵의 외관, 맛, 냄새, 텍스처 기호도가 서로 어떤 상관관계가 있는지를 확인하는 실험을 중심으로 상관분석 실험을 설명하겠다.

● **식빵의 평점법 감각검사 상관분석의 예**

실험목적

3가지 종류의 식빵의 기호도평가를 외관, 맛, 냄새, 텍스처, 전체적인 기호도 5가지 항목에 대해서 진행하였다. 각 기호도검사 항목이 서로 어떠한 상관관계가 있는지 유의수준 5%에서 확인하고자 한다.

시료

서로 다른 식빵 3가지(옥수수 식빵, 우유 식빵, 천연효모 식빵)

실험방법

1) 시료의 준비

① 시료를 담는 컵에 난수표를 이용하여 서로 다른 번호를 작성하여 준비한다.

예 140, 572, 746 등

② 식빵은 2×2×2cm의 크기로 잘라 2개 정도 제공하는 경우는 식빵 테두리를 제외하고 제공하고, 식빵 1/4쪽을 1개 제공하는 경우는 식빵의 테두리와 내부 부분이 포함되게 4등분하고, 받아서 평가하는 사람이 유사한 크기 형태로 제공받을 수 있도록 한다.

2) 시료의 평점법

① 패널들은 준비된 식빵 시료를 순서대로 맛보고 식빵의 기호도평가를 진행한다.

② 식빵의 기호도 평가는 9점 점수법으로 진행한다.

(계속)

식빵 기호도검사

식빵에 대한 기호도검사입니다.

먼저 물로 입가심을 하신 후 주어진 시료에 대해 천천히 평가하여 주십시오.

평가는 9점 점수법으로 각 항목에 대해 가장 큰 값을 9점, 가장 작은 값을 1점으로 표시하십시오.

시료번호	기호도조사				전반적 품질 (overall quality)
	외관의 품질	냄새의 품질	맛의 품질	텍스처 품질	
140					
572					
746					

실험결과 해석

1) 실험결과

- 140: 옥수수 식빵, 572: 우유 식빵, 746: 천연효모 식빵이고, 각 식빵을 총 6명이 한 번 반복하여 분석한 결과표가 다음과 같을 때 상관분석하는 방법을 설명한다.

식빵명	패널	외관의 품질	냄새의 품질	맛의 품질	텍스처 품질	전반적 품질
옥수수	1	5	8	6	4	6
	2	7	7	7	6	7
	3	8	8	8	6	8
	4	7	7	8	7	8
	5	6	6	8	7	7
	6	7	8	8	8	8
우유	1	6	8	8	8	8
	2	6	6	7	6	6
	3	6	6	7	6	6
	4	5	5	6	5	5
	5	6	6	7	5	6
	6	7	7	7	6	7
천연 효모	1	4	5	5	5	5
	2	4	3	5	4	4
	3	4	4	5	5	5

(계속)

식빵명	패널	외관의 품질	냄새의 품질	맛의 품질	텍스처 품질	전반적 품질
천연 효모	4	6	3	5	5	5
	5	5	4	6	5	5
	6	5	6	6	6	6

- 상관계수는 변수와 변수가 직선적인 관계가 있다는 가정하에 그 두 변수 사이의 관련 정도가 어떠한 상관관계가 있는지 분석하는 실험이다. 즉, 외관의 품질 기호도 점수와 전반적 품질 사이에, 혹은 외관의 품질과 냄새의 품질 간에 어떠한 상관관계를 보이는지 분석할 수 있다.

  여러 가지 상관관계 분석 중 Pearson 상관계수법은 변수들 간의 관련성을 구하는 분석으로, 표본상관계수의 값이 0에 가까우면 두 변수 사이에 관련성이 없음을 의미하고, -1, 혹은 +1에 가까운 수가 나오면 상관관계가 있고, 절대값 1에 가까울수록 상관관계가 큼을 의미한다. 두 변수가 변하는 정도가 완전히 동일하면 +1에 가깝고, 반대 방향으로 동일하면 -1을 가진다. 예를 들어 외관의 기호도가 증가할수록 전반적인 기호도가 증가하면 +1에 가까운 수를 가지게 되고, 반대로 냄새의 기호도가 감소할수록 전반적인 기호도가 증가하면 -1에 가까운 상관계수가 나타나게 된다.

- 상관관계의 계수는 다음과 같이 수식으로 표기할 수 있다.

$$\gamma = \frac{\sum(y_i - \bar{y})\sum(x_i - \bar{x})}{\sqrt{\sum(y_i - \bar{y})^2 \sum(x_i - \bar{x})^2}}$$

- $y_i = y$ 항목에 대한 i 번째 사람의 응답값
- $y = y$ 의 평균
- $x_i = x$ 항목에 대한 i 번째 사람의 응답값
- $x = x$ 의 평균

2) SPSS를 이용한 결과의 통계분석 및 해석

① 식빵의 변수에 대한 상관분석을 하기 위해서 결과값을 변수별로 정리한다. 본 실험에서는 3가지 식빵에 대한 측정 결과값 2가지 간의 상관관계 분석을 위해 이변량 상관을 사용한다.

시료명	외관	냄새	맛	텍스쳐	전반적품질
1.00	5.00	8.00	6.00	4.00	6.00
1.00	7.00	7.00	7.00	6.00	7.00
1.00	8.00	8.00	8.00	6.00	8.00
1.00	7.00	7.00	8.00	7.00	8.00
1.00	6.00	6.00	8.00	7.00	7.00
1.00	7.00	8.00	8.00	8.00	8.00
2.00	6.00	8.00	8.00	8.00	8.00
2.00	6.00	6.00	7.00	6.00	6.00
2.00	6.00	6.00	7.00	6.00	6.00
2.00	5.00	5.00	6.00	5.00	5.00
2.00	6.00	6.00	7.00	5.00	6.00
2.00	7.00	7.00	7.00	6.00	7.00
3.00	4.00	6.00	5.00	5.00	5.00
3.00	4.00	3.00	5.00	4.00	4.00
3.00	4.00	4.00	5.00	5.00	5.00
3.00	6.00	3.00	5.00	5.00	5.00
3.00	5.00	4.00	6.00	5.00	5.00
3.00	5.00	6.00	6.00	6.00	6.00

(계속)

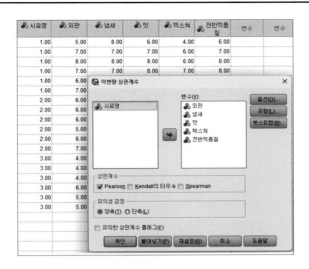

② 각 변수끼리의 상관관계 결과분석표는 다음과 같다. 유의확률은 5%로 설정하였기 때문에 0.05 이하인 것만 유의성을 가진다. Pearson의 상관관계 계수를 통해서 외관은 전반적 품질과 0.835로 양의 상관관계를 크게 보이고 있음을 확인할 수 있고, 맛이 0.918로 전반적 품질에 가장 유의적으로 큰 양의 상관관계를 보임을 알 수 있다.

따라서 식빵의 전반적 품질은 외관, 냄새, 맛, 텍스처에 양의 상관관계를 보이며, 특히 맛의 기호가 증가할수록 전반적인 품질 기호도가 증가하는 것을 확인할 수 있다.

```
CORRELATIONS
  /VARIABLES=외관 냄새 맛 텍스쳐 전반적품질
  /PRINT=TWOTAIL SIG
  /MISSING=PAIRWISE.
```

➔ 상관관계

상관관계

		외관	냄새	맛	텍스쳐	전반적품질
외관	Pearson 상관	1	.661	.813	.611	.835
	유의확률 (양측)		.003	.000	.007	.000
	N	18	18	18	18	18
냄새	Pearson 상관	.661	1	.792	.600	.875
	유의확률 (양측)	.003		.000	.008	.000
	N	18	18	18	18	18
맛	Pearson 상관	.813	.792	1	.813	.918
	유의확률 (양측)	.000	.000		.000	.000
	N	18	18	18	18	18
텍스쳐	Pearson 상관	.611	.600	.813	1	.835
	유의확률 (양측)	.007	.008	.000		.000
	N	18	18	18	18	18
전반적품질	Pearson 상관	.835	.875	.918	.835	1
	유의확률 (양측)	.000	.000	.000	.000	
	N	18	18	18	18	18

부록

통계표

	00–04	05–09	10–14	15–19	20–24	25–29	30–34	35–39	40–44	45–49
00	54463	22662	65905	70639	79365	67382	29085	69831	47058	08186
01	15389	85205	18850	39226	42249	90669	96325	23248	60933	26927
02	85941	40756	82414	02015	13858	78030	16269	65978	01385	15345
03	61149	69440	11286	88218	58925	03638	52862	62733	33451	77455
04	05219	81619	10651	67079	92511	59888	84502	72095	83463	75577
05	41417	98326	87719	92294	46614	50948	64886	20002	97365	30976
06	28357	94070	20652	35774	16249	75019	21145	05217	47286	76305
07	17783	00015	10806	83091	91530	36466	39981	62481	49177	75779
08	40950	84820	29881	85966	62800	70326	84740	62660	77379	90279
09	82995	64157	66164	41180	10089	41757	78258	96488	88629	37231
10	96754	17676	55659	44105	47361	34833	86679	23930	53249	27083
11	34357	88040	53364	71726	45690	66334	60332	22554	90600	71113
12	06318	37403	49927	57715	50423	67372	63116	48888	21505	80182
13	62111	52820	07243	79931	89292	84767	85693	73947	22278	11551
14	47534	09243	67879	00544	23410	12740	02540	54440	32949	13491
15	98614	75993	84460	62846	59844	14922	48730	73443	48167	34770
16	24856	03648	44898	09351	98795	18644	39765	71058	90368	44104
17	96887	12479	80621	66223	86085	78285	02432	53342	42846	94771
18	90801	21472	42815	77408	37390	76766	52615	32141	30268	18106
19	55165	77312	83666	36028	28420	70219	81369	41943	47366	41067
20	75884	12952	84318	95108	72305	64620	91318	89872	45375	85436
21	16777	37116	58550	42958	21460	43910	01175	87894	81378	10620
22	46230	43877	80207	88877	89380	32992	91380	03164	98656	59337
23	42902	66892	46134	01432	94710	23474	20423	60137	60609	13119
24	81007	00333	39693	28039	10154	95425	39220	19774	31782	49037
25	68089	01122	51111	72373	06902	74373	96199	97017	41273	21546
26	20411	67081	89950	16944	93054	87687	96693	87236	77054	33848
27	58212	13160	06468	15718	82627	76999	05999	58680	96739	63700
28	70577	42866	24969	61210	76046	67699	42054	12696	93758	03283
29	94522	74358	71659	62038	79643	76169	44741	05437	39038	13163
30	42626	86819	85651	88678	17401	03252	99547	32404	17918	62880
31	16051	33763	57194	16752	54450	19031	58580	47629	54132	60631
32	08244	27647	33851	44705	94211	46716	11738	55784	95374	72655
33	59497	04392	09419	89964	51211	04894	72882	17805	21896	83864
34	97155	13428	40293	09985	58434	01412	69124	82171	59058	82859
35	98409	66162	95763	47420	20792	61527	20441	39435	11859	41567
36	45476	84882	65109	96597	25930	66790	65706	61203	53634	22557
37	89300	69700	50741	30329	11658	23166	05400	66669	78708	03887
38	50051	95137	91631	66315	91428	12275	24816	68091	71710	33258
39	31753	85178	31310	89642	98364	02306	24617	09609	93942	22716
40	79152	53829	77250	20190	56535	18760	69942	77448	33278	48805
41	44560	38750	83635	56540	64900	42912	13953	79149	18710	68618
42	68328	83378	63369	71381	39564	05615	42451	64559	97501	65747
43	46939	38689	58625	08342	30459	85863	20781	09284	26333	91777
44	83544	86141	15707	96256	23068	13782	08467	89469	93842	55349
45	91621	00881	04900	54224	46177	55309	17852	27491	89415	23466
46	91896	67126	04151	03795	59077	11848	12630	98375	52068	60142
47	55751	62515	21108	80830	02263	29303	37204	96926	30506	09808
48	85156	87689	95493	88842	00664	55017	55539	17771	69448	87530
49	07521	56898	12236	60277	39102	62315	12239	07105	11844	01117

	50–54	55–59	60–64	65–69	70–74	75–79	80–84	85–89	90–94	95–99
00	59391	58030	52098	82718	87024	82848	04190	96574	90464	29065
01	99567	76364	77204	04615	27062	96621	43918	01896	83991	51141
02	10363	97518	51400	25670	98342	61891	27101	37855	06235	33316
03	86859	19558	64432	16706	99612	59798	32803	67708	15297	28612
04	11258	24591	36863	55368	31721	94335	34936	02566	80972	08188
05	95068	88628	35911	14530	33020	80428	39936	31855	34334	64865
06	54463	47237	73800	91017	36239	71824	83671	39892	60518	37092
07	16874	62677	57412	13215	31389	62233	80827	73917	82802	84420
08	92494	63157	76593	91316	03505	72389	96363	52887	01087	66091
09	15669	56689	35682	40844	53256	81872	35213	09840	34471	74441
10	99116	75486	84989	23476	52967	67104	39495	39100	17217	74073
11	15696	10703	65178	90637	63110	17622	53988	71087	84148	11670
12	97720	15369	51269	69620	03388	13699	33423	67453	43269	56720
13	11666	13841	71681	98000	35979	39719	81899	07449	47985	46967
14	71628	73130	78783	75691	41632	09847	61547	18707	85489	69944
15	40501	51089	99943	91843	41995	88931	73631	69361	05375	15417
16	22518	55576	98215	82068	10798	86211	36584	67466	69373	40054
17	75112	30485	62173	02132	14878	92879	22281	16783	86352	00077
18	80327	02671	98191	84342	90813	49268	95441	15496	20168	09271
19	60251	45548	02146	05597	48228	81366	34598	72856	66762	17002
20	57430	82270	10421	00540	43648	75888	66049	21511	47676	33444
21	73528	39559	34434	88596	54086	71693	43132	14414	79949	85193
22	25991	65959	70769	64721	86413	33475	42740	06175	82758	66248
23	78388	16638	09134	59980	63806	48472	39318	35434	24057	74739
24	12477	09965	96657	57994	59439	76330	24596	77515	09577	91871
25	83266	32883	42451	15579	38155	27793	40914	65990	16255	17777
26	76970	80876	10237	39515	79152	74798	39357	09054	73579	92359
27	37074	65198	44785	68624	98336	84481	97610	78735	46703	98265
28	83712	06514	30101	78295	54656	85417	43189	60048	72781	72606
29	20287	56862	69727	94443	64936	08366	27227	05158	50326	59566
30	74261	32592	86538	27041	65172	85532	07571	80609	39285	65340
31	64081	49863	08478	96001	18888	14810	70545	89755	59064	07210
32	05617	75818	47750	67814	29575	10526	66192	44464	27058	40467
33	26793	74951	95466	74307	13330	42664	85515	20632	05497	33625
34	65988	72850	48737	54719	52056	01596	03845	35067	03134	70322
35	27366	42271	44300	73399	21105	03280	73457	43093	05192	48657
36	56760	10909	98147	34736	33863	95256	12731	66598	50771	83665
37	72880	43338	93643	58904	59543	23943	11231	83268	65938	81581
38	77888	38100	03062	58103	47961	83841	25878	23746	55903	44115
39	28440	07819	21580	51459	47971	29882	13990	29226	23608	15873
40	63525	94441	77033	12147	51054	49955	58312	76923	96071	05813
41	47606	93410	16359	89033	89696	47231	64498	31776	05383	39902
42	52669	45030	96279	14709	52372	87832	02735	50803	72744	88208
43	16738	60159	07425	62369	07515	82721	37875	71153	21315	00132
44	59348	11695	45751	15865	74739	05572	32688	20271	65128	14551
45	12900	71775	29845	60774	94924	21810	38636	33717	67598	82521
46	75086	23537	49939	33595	13484	97588	28617	17979	70749	35234
47	99495	51434	29181	09993	38190	42553	68922	52125	91077	40197
48	26075	31671	45386	36583	93459	48599	52022	41330	60651	91321
49	13636	93596	23377	51133	95126	61496	42474	45141	46660	42338

	00-04	05-09	10-14	15-19	20-24	25-29	30-34	35-39	40-44	45-49
50	64249	63664	39652	40646	97306	31741	07294	84149	46797	82487
51	26538	44249	04050	48174	65570	44072	40192	51153	11397	58212
52	05845	00512	78630	55328	18116	69296	91705	86224	29503	57071
53	74897	68373	67359	51014	33510	83048	17056	72506	82949	54600
54	20872	54570	35017	88132	25730	22626	86723	91691	13191	77212
55	31432	96156	89177	75541	81355	24480	77243	76690	42507	84362
56	66890	61505	01240	00660	05873	13568	76082	79172	57913	93448
57	41894	57790	79970	33106	86904	48119	52503	24130	72824	21627
58	11303	87118	81471	52936	08555	28420	49416	44448	04269	27029
59	54374	57325	16947	45356	78371	10563	97191	53798	12693	27928
60	64852	34421	61046	90849	13966	39810	42699	21753	76192	10508
61	16309	20384	09491	91588	97720	89846	30376	76970	23063	35894
62	42587	37065	24526	72602	57589	98131	37292	05967	26002	51945
63	40177	98590	97161	41682	84533	67588	62036	49967	01990	72308
64	82309	76128	93965	26743	24141	04838	40254	26065	07938	76236
65	79788	68243	59732	04257	27084	14743	17520	95401	55811	76099
66	40538	79000	89559	25026	42274	23489	34502	75508	06059	86682
67	64016	73598	18609	73150	62463	33102	45205	87440	96767	67042
68	49767	12691	17903	93871	99721	79109	09425	26904	07419	76013
69	76974	55108	29795	08404	82684	00497	51126	79935	57450	55671
70	23854	08480	85983	96025	50117	64610	99425	62291	86943	21541
71	68973	70551	25098	78033	98573	79848	31778	29555	61446	23037
72	36444	93600	65350	14971	25325	00427	52073	64280	18847	24768
73	03003	87800	07391	11594	21196	00781	32550	57158	58887	73041
74	17540	26188	36647	78386	04558	61463	57842	90382	77019	24210
75	38916	55809	47982	41968	69760	79422	80154	91486	19180	15100
76	64288	19843	69122	42502	48508	28820	59933	72998	99942	10515
77	86809	51564	38040	39418	49915	19000	58050	16899	79952	57849
78	99800	99566	14742	05028	30033	94889	53381	23656	75787	59223
79	92345	31890	95712	08279	91794	94068	49337	88674	35355	12267
80	90363	65162	32245	82279	79256	80834	06088	99462	56705	06118
81	64437	32242	48431	04835	39070	59702	31508	60935	22390	52246
82	91714	53662	28373	34333	55791	74758	51144	18827	10704	76803
83	20902	17646	31391	31459	33315	03444	55743	74701	58851	27427
84	12217	86007	70371	52281	14510	76094	96579	54853	78339	20839
85	45177	02863	42307	53571	22532	74921	17735	42201	80540	54721
86	28325	90814	08804	52746	47913	54577	47525	77705	95330	21866
87	29019	28776	56116	54791	64604	08815	46049	71186	34650	14994
88	84979	81353	56219	67062	26146	82567	33122	14124	46240	92973
89	50371	26347	48513	63915	11158	25563	91915	18431	92978	11591
90	53422	06825	69711	67950	64716	18003	49581	45378	99878	61130
91	67453	35651	89316	41620	32048	70225	47597	33137	31443	51445
92	07294	85353	74819	23445	68237	07202	99515	62282	53809	26685
93	79544	00302	45338	16015	66613	88968	14595	63836	77716	79596
94	64144	85442	82060	46471	24162	39500	87351	36637	42833	71875
95	90919	11883	58318	00042	52402	28210	34075	33272	00840	73268
96	06670	57353	86275	92276	77591	46924	60839	55437	03183	13191
97	36634	93976	52062	83678	41256	60948	18635	48992	19462	96062
98	75101	72891	85745	67106	26010	62107	60885	37503	55461	71213
99	05112	71222	72654	51583	05228	62056	57390	42746	39272	96659

[표 A] 난수표

	50-54	55-59	60-64	65-69	70-74	75-79	80-84	85-89	90-94	95-99
50	32847	31282	03345	89593	69214	70381	78285	20054	91018	16742
51	16916	00041	30236	55032	14253	76582	12092	86533	92426	37655
52	66176	34037	21005	27137	03193	48970	64625	22394	39622	79085
53	46299	13335	12180	16861	38043	59292	62675	63631	37020	78195
54	22847	47839	45385	23289	47526	54098	45683	55849	51575	64689
55	41851	54160	92320	69936	34803	92479	33399	71160	64777	83378
56	28444	59497	91586	95917	68553	28639	06455	34174	11130	91994
57	47520	62378	98855	83174	13088	16561	68559	26679	06238	51254
58	34978	63271	13142	82681	05271	08822	06490	44984	49307	61717
59	37404	80416	69035	92980	49496	74378	75610	74976	70056	15478
60	32400	65482	52099	53676	74648	94148	65095	69597	52771	71551
61	89262	86332	51718	70663	11623	29834	79820	73002	84886	03591
62	86866	09127	98021	03871	27789	58444	44832	36505	40672	30180
63	90814	14833	08759	74645	05046	94056	99094	64091	32663	73040
64	19192	82756	20553	58446	55376	88914	75096	26119	83898	43816
65	77585	52593	56612	95766	10019	29531	73064	20953	53523	58136
66	23757	16364	05096	03192	62386	45389	85332	18877	55710	96459
67	45989	96257	23850	26216	23309	21526	07425	50254	19455	29315
68	92970	94243	07316	41467	64837	52406	25225	51553	31220	14032
69	74346	59596	40088	98176	17896	86900	20249	77753	19099	48885
70	87646	41309	27636	45153	29988	94770	07255	70908	05340	99751
71	50099	71038	45146	06146	55211	99429	43169	66259	97786	59180
72	10127	46900	64984	75348	04115	33624	68774	60013	35515	62556
73	67995	81977	18984	64091	02785	27762	42529	97144	80407	64524
74	26304	80217	84934	82657	69291	35397	98714	35104	08187	48109
75	81994	41070	56642	64091	31229	02595	13513	45148	78722	30144
76	59537	34662	79631	89403	65212	09975	06118	86197	58208	16162
77	51228	10937	62396	86460	47331	91403	95007	06047	16846	64809
78	31089	37995	29577	07828	42272	54016	21950	86192	99046	84864
79	38207	97938	93459	75174	79460	55436	57206	87644	21296	43393
80	88666	31142	09474	89712	63153	62333	42212	06140	42594	43671
81	53365	56134	67582	92557	89520	33452	05134	70628	27621	33738
82	89807	74530	38004	90102	11693	90257	05500	79920	62700	43325
83	13682	81038	85662	90915	91631	22223	91588	80774	07716	12548
84	63571	32579	63942	25371	09234	94592	98475	76884	37635	33608
85	68927	56492	67799	95398	77642	54913	91583	08421	81450	76229
86	56401	63186	39389	88798	31356	89235	97036	32341	33292	73757
87	24333	95603	02359	72942	46287	95382	08452	62862	97869	71775
88	17025	84202	95199	62272	06366	16175	97577	99304	41587	03686
89	02804	08253	52133	20224	68034	50865	57868	22343	55111	03607
90	08298	03879	20995	19850	73090	13191	18963	82244	78479	99121
91	59883	01785	82403	96962	03785	03488	12970	64896	38336	30030
92	46982	06682	62864	91837	74021	89094	39952	64158	79614	78235
93	31121	47266	07661	02051	67599	24471	69843	83696	71402	76287
94	97867	56641	63416	17577	30161	87320	37752	73276	48969	41915
95	57364	86746	08415	14621	49430	22311	15836	72492	49372	44103
96	09559	26263	69511	28064	75999	44540	13337	10918	79846	54809
97	53873	55571	00608	42661	91332	63956	74087	59008	47493	99581
98	35531	19162	86406	05299	77511	24311	57257	22826	77555	05941
99	28229	88629	25629	94932	30721	16197	78742	34974	97528	45447

[표 B] 삼점검사의 유의성 검정표(p = 1/3)

패널 수	유의적 차이를 표명할 수 있는 최소 정답 수			패널 수	유의적 차이를 표명할 수 있는 최소 정답 수		
	α = 0.05 (*)	α = 0.01 (**)	α = 0.001 (***)		α = 0.05 (*)	α = 0.01 (**)	α = 0.001 (***)
5	4	5	–	53	24	27	29
6	5	6	–	54	25	27	30
7	5	6	7	55	25	27	30
8	6	7	8	56	25	28	31
9	6	7	8	57	26	28	31
10	7	8	9	58	26	29	31
11	7	8	9	59	27	29	32
12	8	9	10	60	27	29	32
13	8	9	11	61	27	30	33
14	9	10	11	62	28	30	33
15	9	10	12	63	28	31	34
16	9	11	12	64	29	31	34
17	10	11	13	65	29	32	34
18	10	12	13	66	29	32	35
19	11	12	14	67	30	32	35
20	11	13	14	68	30	33	36
21	12	13	15	69	30	33	36
22	12	13	15	70	31	34	37
23	12	14	16	71	31	34	37
24	13	14	16	72	32	34	37
25	13	15	17	73	32	35	38
26	14	15	17	74	32	35	38
27	14	16	18	75	33	35	39
28	14	16	18	76	33	36	39
29	15	17	19	77	33	36	39
30	15	17	19	78	34	37	40
31	16	17	19	79	34	37	40
32	16	18	20	80	35	37	41
33	16	18	20	81	35	38	41
34	17	19	21	82	35	38	42
35	17	19	21	83	36	39	42
36	18	20	22	84	36	39	42
37	18	20	22	85	36	39	43
38	18	20	23	86	37	40	43
39	19	21	23	87	37	40	44
40	19	21	24	88	38	41	44
41	20	22	24	89	38	41	44
42	20	22	24	90	38	41	45
43	20	23	25	91	39	42	45
44	21	23	25	92	39	42	46
45	21	23	26	93	39	43	46
46	22	24	26	94	40	43	46
47	22	24	27	95	40	43	47
48	22	25	27	96	41	44	47
49	23	25	28	97	41	44	48
50	23	25	28	98	41	45	48
51	24	26	28	99	42	45	48
52	24	26	29	100	42	45	49

[표 C] 이점검사의 유의성 검정표(p =1/2) (계속)

패널 수	단측검정			양측검정		
	최소 정답 수			최소 정답 수		
	$\alpha = 0.05$ (*)	$\alpha = 0.01$ (**)	$\alpha = 0.001$ (***)	$\alpha = 0.05$ (*)	$\alpha = 0.01$ (**)	$\alpha = 0.001$ (***)
7	7	7	—	7	—	—
8	7	8	—	8	8	—
9	8	9	—	8	9	—
10	9	10	10	9	10	—
11	9	10	11	10	11	11
12	10	11	12	10	11	12
13	10	12	13	11	12	13
14	11	12	13	12	13	14
15	12	13	14	12	13	14
16	12	14	15	13	14	15
17	13	14	16	13	15	16
18	13	15	16	14	15	17
19	14	15	17	15	16	17
20	15	16	18	15	17	18
21	15	17	18	16	17	19
22	16	17	19	17	18	19
23	16	18	20	17	19	20
24	17	19	20	18	19	21
25	18	19	21	18	20	21
26	18	20	22	19	20	22
27	19	20	22	20	21	23
28	19	21	23	20	22	23
29	20	22	24	21	22	24
30	20	22	24	21	23	25
31	21	23	25	22	24	25
32	22	24	26	23	24	26
33	22	24	26	23	25	27
34	23	25	27	24	25	27
35	23	25	27	24	26	28
36	24	26	28	25	27	29
37	24	27	29	25	27	29
38	25	27	29	26	28	30
39	26	28	30	27	28	31
40	26	28	31	27	29	31
41	27	29	31	28	30	32
42	27	29	32	28	30	32
43	28	30	32	29	31	33
44	28	31	33	29	31	34
45	29	31	34	30	32	34
46	30	32	34	31	33	35
47	30	32	35	31	33	36
48	31	33	36	32	34	36
49	31	34	36	32	34	37
50	32	34	37	33	35	37
51	32	35	37	33	36	38
52	33	35	38	34	36	39
53	33	36	39	35	37	39

[표 C] 이점검사의 유의성 검정표($p = 1/2$)

패널 수	단측검정 최소 정답 수			양측검정 최소 정답 수		
	$\alpha = 0.05$ (*)	$\alpha = 0.01$ (**)	$\alpha = 0.001$ (***)	$\alpha = 0.05$ (*)	$\alpha = 0.01$ (**)	$\alpha = 0.001$ (***)
54	34	36	39	35	37	40
55	35	37	40	36	38	41
56	35	38	40	36	39	41
57	36	38	41	37	39	42
58	36	39	42	37	40	42
59	37	39	42	38	40	43
60	37	40	43	39	41	44
61	38	41	43	39	41	44
62	38	41	44	40	42	45
63	39	42	45	40	43	45
64	40	42	45	41	43	46
65	40	43	46	41	44	47
66	41	43	46	42	44	47
67	41	44	47	42	45	48
68	42	45	48	43	46	48
69	42	45	48	44	46	49
70	43	46	49	44	47	50
71	43	46	49	45	47	50
72	44	47	50	45	48	51
73	45	47	51	46	48	51
74	45	48	51	46	49	52
75	46	49	52	47	50	53
76	46	49	52	48	50	53
77	47	50	53	48	51	54
78	47	50	54	49	51	54
79	48	51	54	49	52	55
80	48	51	55	50	52	56
81	49	52	55	50	53	56
82	49	52	56	51	54	57
83	50	53	56	51	54	57
84	51	54	57	52	55	58
85	51	54	58	53	55	59
86	52	55	58	53	56	59
87	52	55	59	54	56	60
88	53	56	59	54	57	60
89	53	56	60	55	58	61
90	54	57	61	55	58	61
91	54	58	61	56	59	62
92	55	58	62	56	59	63
93	55	59	62	57	60	63
94	56	59	63	57	60	64
95	57	60	63	58	61	64
96	57	60	64	59	62	65
97	58	61	65	59	62	66
98	58	61	65	60	63	66
99	59	62	66	60	63	67
100	59	63	66	61	64	67

[표 D] χ^2-분포표

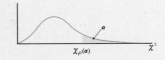

d.f. v	α								
	.990	.950	.900	.500	.100	.050	.025	.010	.005
1	.0002	.004	.02	.45	2.71	3.84	5.02	6.63	7.88
2	.02	.10	.21	1.39	4.61	5.99	7.38	9.21	10.60
3	.11	.35	.58	2.37	6.25	7.81	9.35	11.34	12.84
4	.30	.71	1.06	3.36	7.78	9.49	11.14	13.28	14.86
5	.55	1.15	1.61	4.35	9.24	11.07	12.83	15.09	16.75
6	.87	1.64	2.20	5.35	10.64	12.59	14.45	16.81	18.55
7	1.24	2.17	2.83	6.35	12.02	14.07	16.01	18.48	20.28
8	1.65	2.73	3.49	7.34	13.36	15.51	17.53	20.09	21.95
9	2.09	3.33	4.17	8.34	14.68	16.92	19.02	21.67	23.59
10	2.56	3.94	4.87	9.34	15.99	18.31	20.48	23.21	25.19
11	3.05	4.57	5.58	10.34	17.28	19.68	21.92	24.72	26.76
12	3.57	5.23	6.30	11.34	18.55	21.03	23.34	26.22	28.30
13	4.11	5.89	7.04	12.34	19.81	22.36	24.74	27.69	29.82
14	4.66	6.57	7.79	13.34	21.06	23.68	26.12	29.14	31.32
15	5.23	7.26	8.55	14.34	22.31	25.00	27.49	30.58	32.80
16	5.81	7.96	9.31	15.34	23.54	26.30	28.85	32.00	34.27
17	6.41	8.67	10.09	16.34	24.77	27.59	30.19	33.41	35.72
18	7.01	9.39	10.86	17.34	25.99	28.87	31.53	34.81	37.16
19	7.63	10.12	11.65	18.34	27.20	30.14	32.85	36.19	38.58
20	8.26	10.85	12.44	19.34	28.41	31.41	34.17	37.57	40.00
21	8.90	11.59	13.24	20.34	29.62	32.67	35.48	38.93	41.40
22	9.54	12.34	14.04	21.34	30.81	33.92	36.78	40.29	42.80
23	10.20	13.09	14.85	22.34	32.01	35.17	38.08	41.64	44.18
24	10.86	13.85	15.66	23.34	33.20	36.42	39.36	42.98	45.56
25	11.52	14.61	16.47	24.34	34.38	37.65	40.65	44.31	46.93
26	12.20	15.38	17.29	25.34	34.56	38.89	41.92	45.64	48.29
27	12.88	16.15	18.11	26.34	36.74	40.11	43.19	46.96	49.64
28	13.56	16.93	18.94	27.34	37.92	41.34	44.46	48.28	50.99
29	14.26	17.71	19.77	28.34	39.09	42.56	45.72	49.59	52.34
30	14.95	18.49	20.60	29.34	40.26	43.77	46.98	50.89	53.67
40	22.16	26.51	29.05	39.34	51.81	55.76	59.34	63.69	66.77
50	29.71	34.76	37.69	49.33	63.17	67.50	71.42	76.15	79.49
60	37.48	43.19	46.46	59.33	74.40	79.08	83.30	88.38	91.95
70	45.44	51.74	55.33	69.33	85.53	90.53	95.02	100.43	104.21
80	53.54	60.39	64.28	79.33	96.58	101.88	106.63	112.33	116.32
90	61.75	69.13	73.29	89.33	107.57	113.15	118.14	124.12	128.30
100	70.06	77.93	82.36	99.33	118.50	124.34	129.56	135.81	140.17

[표 E-1] 유사성 검사의 삼점검사 유의성 검정표

p_d는 두 집단의 차이를 감지할 수 있는 모집단의 %이며, 정답자의 수가 표의 특정한 n, β, p_d에 해당하는 값보다 같거나 작은 경우 $100(1-\beta)$% 신뢰도에서 차이가 없는 귀무가설을 채택한다.

n	β	p_d 0.15	0.20	0.25	0.30	n	β	p_d 0.15	0.20	0.25	0.30
18	0.001	–	–	–	–	45	0.001	–	–	–	–
	0.01	–	–	–	–		0.01	–	–	–	15
	0.05	–	–	–	–		0.05	–	15	16	17
	0.10	–	–	–	6		0.10	–	16	17	19
21	0.001	–	–	–	–	48	0.001	–	–	–	–
	0.01	–	–	–	–		0.01	–	–	–	17
	0.05	–	–	–	–		0.05	–	16	17	19
	0.10	–	–	7	7		0.10	–	17	19	20
24	0.001	–	–	–	–	51	0.001	–	–	–	–
	0.01	–	–	–	–		0.01	–	–	–	18
	0.05	–	–	–	8		0.05	–	17	19	20
	0.10	–	–	8	9		0.10	17	18	20	22
27	0.001	–	–	–	–	54	0.001	–	–	–	–
	0.01	–	–	–	–		0.01	–	–	18	19
	0.05	–	–	–	9		0.05	–	18	20	22
	0.10	–	–	9	10		0.10	18	20	21	23
30	0.001	–	–	–	–	57	0.001	–	–	–	–
	0.01	–	–	–	–		0.01	–	–	19	21
	0.05	–	–	10	11		0.05	–	19	21	23
	0.10	–	10	10	11		0.10	19	21	23	25
33	0.001	–	–	–	–	60	0.001	–	–	–	–
	0.01	–	–	–	–		0.01	–	–	20	22
	0.05	–	–	11	12		0.05	–	21	23	25
	0.10	–	11	12	13		0.10	20	22	24	26
36	0.001	–	–	–	–	66	0.001	–	–	–	22
	0.01	–	–	–	–		0.01	–	–	23	25
	0.05	–	–	12	13		0.05	–	23	25	28
	0.10	–	12	13	14		0.10	22	25	27	29
39	0.001	–	–	–	–	72	0.001	–	–	–	24
	0.01	–	–	–	13		0.01	–	–	25	28
	0.05	–	–	13	15		0.05	–	26	28	30
	0.10	–	13	15	16		0.10	25	27	30	32
42	0.001	–	–	–	–	78	0.001	–	–	–	27
	0.01	–	–	–	14		0.01	–	–	28	30
	0.05	–	–	15	16		0.05	26	28	31	33
	0.10	–	14	16	17		0.10	27	30	32	35

참고 : 위의 표에 나와 있지 않은 n을 위한 $100(1-\beta)$% 신뢰도에서의 신뢰구간 계산(단측검정)

$$\{1.5(X/n)-0.5\} + (1.5)Z_\beta \sqrt{(nX-X^2)/n^3}$$

X : 정답 수

Z_β : 표준 정산 편차의 상위 단측 β의 유의값

$100(1-\beta)$% 수준에서 차이를 감지하는 모집단의 %는 계산된 값보다 크지 않다고 결론 내릴 수 있다.

Z_β는 부록 표 II(student's t-분포표)의 맨 마지막 열(α를 β로 대치)을 이용한다.

[표 E-2] 유사성 검사의 일-이점검사 유의성 검정표

p_d는 두 집단의 차이를 감지할 수 있는 모집단의 %이며, 정답자의 수가 표의 특정한 n, β, p_d에 해당하는 값보다 같거나 작은 경우 $100(1-\beta)$% 신뢰도에서 차이가 없는 귀무가설을 채택한다.

n	β	p_d 0.15	0.20	0.25	0.30	n	β	p_d 0.15	0.20	0.25	0.30
24	0.001	–	–	–	–	56	0.001	–	–	–	–
	0.01	–	–	–	–		0.01	–	–	–	–
	0.05	–	–	–	–		0.05	–	–	28	29
	0.10	–	–	–	12		0.10	–	28	29	31
28	0.001	–	–	–	–	60	0.001	–	–	–	–
	0.01	–	–	–	–		0.01	–	–	–	–
	0.05	–	–	–	–		0.05	–	–	30	32
	0.10	–	–	–	14		0.10	–	30	32	33
32	0.001	–	–	–	–	64	0.001	–	–	–	–
	0.01	–	–	–	–		0.01	–	–	–	32
	0.05	–	–	–	–		0.05	–	–	33	34
	0.10	–	–	–	16		0.10	–	32	34	36
36	0.001	–	–	–	–	68	0.001	–	–	–	–
	0.01	–	–	–	–		0.01	–	–	–	34
	0.05	–	–	–	18		0.05	–	–	35	37
	0.10	–	–	18	19		0.10	–	35	36	38
40	0.001	–	–	–	–	72	0.001	–	–	–	–
	0.01	–	–	–	–		0.01	–	–	–	36
	0.05	–	–	–	20		0.05	–	–	37	39
	0.10	–	–	20	21		0.10	–	37	39	41
44	0.001	–	–	–	–	76	0.001	–	–	–	–
	0.01	–	–	–	–		0.01	–	–	–	39
	0.05	–	–	–	22		0.05	–	38	40	41
	0.10	–	–	22	24		0.10	–	39	41	43
48	0.001	–	–	–	–	80	0.001	–	–	–	–
	0.01	–	–	–	–		0.01	–	–	–	41
	0.05	–	–	–	25		0.05	–	40	42	44
	0.10	–	–	25	26		0.10	–	41	43	46
52	0.001	–	–	–	–	84	0.001	–	–	–	–
	0.01	–	–	–	–		0.01	–	–	–	43
	0.05	–	–	26	27		0.05	–	42	44	46
	0.10	–	26	27	28		0.10	–	44	46	48

참고 : 위의 표에 나와 있지 않은 n을 위한 $100(1-\beta)$% 신뢰도에서의 신뢰구간 계산(단측검정)

$$\{1.5(X/n)-0.5\} + (1.5)Z_\beta\sqrt{(nX-X^2)/n^3}$$

X : 정답 수
Z_β : 표준 정산 편차의 상위 단측 β의 유의값
$100(1-\beta)$% 수준에서 차이를 감지하는 모집단의 %는 계산된 값보다 크지 않다고 결론 내릴 수 있다.
Z_β는 부록 표 I(student's t-분포표)의 맨 마지막 열(α를 β로 대치)을 이용한다.

[표 F-1] 순위법의 유의성 검정표(5%) (계속)

네 개의 숫자는 최소 비유의적 순위합-최대 비유의적 순위합(표준시료가 없는 경우), 최소 비유의적 순위합-최대 비유의적 순위합(표준시료가 있는 경우)을 나타낸다.

반복 수	처리 수								
	2	3	4	5	6	7	8	9	10
2	– –	– –	– –	– 3–9	– 3–11	– 3–13	– 4–14	– 4–16	– 4–18
3	– –	– 4–8	– 4–11	4–14 5–13	4–17 6–15	4–20 6–18	4–23 7–20	5–25 8–22	5–28 8–25
4	– –	5–11 5–11	5–15 6–14	6–18 7–17	6–22 8–20	7–25 9–23	7–29 10–26	8–32 11–29	8–36 13–31
5	– 6–9	6–14 7–13	7–18 8–17	8–22 10–20	9–26 11–24	9–31 13–27	10–35 14–31	11–39 15–35	12–43 17–38
6	7–11 7–11	8–16 9–15	9–21 11–19	10–26 12–24	11–31 14–28	12–36 16–32	13–41 18–36	14–46 20–40	15–51 21–45
7	8–13 8–13	10–18 10–18	11–24 13–22	12–30 15–27	14–35 17–32	15–41 19–37	17–46 22–41	18–52 24–46	19–58 26–51
8	9–15 10–14	11–21 12–20	13–27 15–25	15–33 17–31	17–39 20–36	18–46 23–41	20–52 25–47	22–58 28–52	24–64 31–57
9	11–16 11–16	13–23 14–22	15–30 17–28	17–37 20–34	19–44 23–40	22–50 26–46	24–57 29–52	26–64 32–58	28–71 35–64
10	12–18 12–18	15–25 16–24	17–33 19–31	20–40 23–37	22–48 26–44	25–55 30–50	27–63 33–57	30–70 37–63	32–78 40–70
11	13–20 14–19	16–28 18–26	19–36 21–34	22–44 25–41	25–52 29–48	28–60 33–55	31–68 37–62	34–76 41–69	36–85 45–76
12	15–21 15–21	18–30 19–29	21–39 24–36	25–47 28–44	28–56 32–52	31–65 37–59	34–74 41–67	38–82 45–75	41–91 50–82
13	16–23 17–22	20–32 21–31	24–41 26–39	27–51 31–47	31–60 35–56	35–69 40–64	38–79 45–72	42–88 50–80	45–98 54–89
14	17–25 18–24	22–34 23–33	26–44 28–42	30–54 33–51	34–64 38–60	38–74 44–68	42–84 49–77	46–94 54–86	50–104 59–95
15	19–26 19–26	23–37 25–35	28–47 30–45	32–58 36–54	37–68 42–63	41–79 47–73	46–89 53–82	50–100 59–91	54–111 64–101
16	20–28 21–27	25–39 27–37	30–50 33–47	35–61 39–57	40–72 45–67	45–83 51–77	49–95 57–87	54–106 63–97	59–117 69–107
17	22–29 22–29	27–41 28–40	32–53 35–50	38–64 41–61	43–76 48–71	48–88 54–82	53–100 61–92	58–112 67–103	63–124 71–113
18	23–31 24–30	29–43 30–42	34–56 37–53	40–68 44–64	46–80 51–75	51–93 58–86	57–105 65–97	62–118 72–108	68–130 79–119
19	24–33 25–32	30–46 32–44	37–58 39–56	43–71 47–67	49–84 54–79	55–97 62–90	61–110 69–102	67–123 76–114	73–136 84–125
20	26–34 26–34	32–48 34–46	39–61 42–58	45–75 50–70	52–88 57–83	58–102 65–95	65–115 73–107	71–129 81–119	77–143 89–131

[표 F-1] 순위법의 유의성 검정표(5%) (계속)

반복 수	처리 수								
	2	3	4	5	6	7	8	9	10
21	27–36 28–35	34–50 36–48	41–64 44–61	48–78 52–74	55–92 61–86	62–106 69–99	68–121 77–112	75–135 86–124	82–149 94–137
22	28–38 29–37	36–52 38–50	43–67 46–64	51–81 55–77	58–96 64–90	65–111 73–103	72–126 81–117	80–140 90–130	87–155 99–146
23	30–39 31–38	38–54 40–52	46–69 49–66	53–85 58–80	61–100 76–94	69–115 76–108	76–131 85–122	84–146 95–135	91–162 104–149
24	31–41 32–40	40–56 41–55	48–72 51–69	56–88 61–83	64–104 70–98	72–120 80–112	80–136 90–126	88–152 99–141	96–168 109–155
25	33–42 33–42	41–59 43–57	50–75 53–72	59–91 63–87	67–108 73–102	76–124 84–116	84–141 94–131	92–158 104–146	101–174 114–161
26	34–44 35–43	43–61 45–59	52–78 56–74	61–95 66–90	70–112 77–105	79–129 87–121	88–146 98–136	97–163 108–152	106–180 119–167
27	35–46 36–45	45–63 47–61	55–80 58–77	64–98 69–93	73–116 80–109	83–133 91–125	92–151 102–141	101–169 113–157	110–187 124–173
28	37–47 38–46	47–65 49–63	57–83 60–80	67–101 72–96	76–120 83–113	86–138 95–129	96–156 106–146	106–174 118–162	115–193 129–179
29	38–49 39–48	49–67 51–65	59–86 63–82	69–105 74–100	80–123 86–117	90–142 98–134	100–161 110–151	110–180 122–168	120–199 134–185
30	40–50 41–49	51–69 53–67	61–89 65–85	82–108 77–103	83–127 90–120	93–147 102–138	104–166 114–156	114–186 127–173	125–205 130–191
31	41–52 42–51	52–72 55–69	64–91 67–88	75–111 80–106	86–131 93–124	97–151 106–142	108–171 119–160	119–191 131–179	130–211 144–197
32	42–54 43–53	54–74 56–72	66–94 70–90	77–115 83–109	89–135 96–128	100–156 109–147	112–176 123–165	123–197 136–184	134–218 149–203
33	44–55 45–54	56–76 58–74	68–97 72–93	80–118 86–112	92–139 99–132	104–160 113–151	116–181 127–170	128–202 141–189	139–224 154–209
34	45–57 46–56	58–78 60–76	70–100 74–96	83–121 88–116	95–143 103–135	108–164 117–155	120–186 131–175	132–208 145–195	144–230 159–215
35	47–58 48–57	60–80 62–78	73–102 77–98	86–124 91–119	98–147 106–139	111–169 121–159	127–191 135–180	136–214 150–200	149–236 165–220
36	48–60 49–59	62–82 64–80	75–105 79–101	88–128 94–122	102–150 109–143	115–173 124–164	128–196 139–185	141–219 155–205	154–242 170–226
37	50–61 51–60	63–85 66–82	77–108 81–104	91–131 97–125	105–154 112–147	118–178 128–168	132–201 144–189	145–225 159–211	159–248 175–232
38	51–63 52–62	65–87 68–84	80–110 84–106	94–134 100–128	108–158 116–150	122–182 132–172	136–206 148–194	150–230 164–216	164–254 180–238
39	52–65 53–64	67–89 70–86	82–113 86–109	97–137 102–132	111–162 119–154	126–186 135–177	140–211 152–199	154–236 168–222	169–260 185–244
40	54–66 55–65	69–91 72–88	84–116 88–112	99–141 105–135	114–166 122–158	129–191 139–181	144–216 156–204	159–241 173–227	173–267 190–250

반복 수	처리 수								
	2	3	4	5	6	7	8	9	10
41	55–68 56–67	71–93 73–91	87–118 91–114	102–144 108–138	144–170 126–161	133–195 143–185	148–221 160–209	163–247 178–232	178–273 195–256
42	57–69 58–68	73–95 75–93	89–121 93–117	10–147 111–141	121–173 129–165	136–200 147–189	152–226 165–213	168–252 182–238	183–279 200–262
43	58–71 59–70	75–97 77–95	91–124 95–120	108–150 114–144	124–177 132–169	140–204 150–194	156–231 169–218	172–258 187–243	188–285 206–267
44	60–72 61–71	77–99 79–97	93–127 98–122	110–154 117–147	127–181 135–173	144–208 154–198	160–236 173–223	177–263 192–248	193–291 211–273
45	61–74 62–73	78–102 81–99	96–129 100–125	113–157 119–151	130–185 139–176	147–213 158–202	164–241 177–228	181–269 197–253	198–297 216–279
46	62–76 63–75	80–104 83–101	98–132 103–127	116–160 122–154	133–189 142–180	151–217 162–206	168–246 181–233	186–274 201–259	203–303 221–285
47	64–77 65–76	82–106 85–103	100–135 105–130	119–163 125–157	137–192 145–184	155–221 165–211	172–251 186–237	190–280 206–264	208–309 226–291
48	65–79 66–78	84–108 87–105	103–137 107–133	121–167 128–160	140–196 149–187	158–226 169–215	176–256 190–242	195–285 211–269	213–315 231–297
49	67–80 68–79	86–110 89–107	105–140 110–135	124–170 131–163	143–200 152–191	162–230 173–219	181–260 194–247	199–291 215–275	218–321 236–303
50	68–82 69–81	88–112 91–109	107–143 112–138	127–173 134–166	146–204 155–195	165–235 177–223	185–265 198–252	204–296 220–280	223–327 242–308
51	70–83 71–82	90–114 92–112	110–145 114–141	130–176 136–170	149–208 158–199	169–239 181–227	189–270 203–256	208–302 225–285	228–333 247–314
52	71–85 72–84	92–116 94–114	112–148 117–143	132–180 139–173	153–211 162–202	173–243 184–232	193–275 207–261	213–307 229–291	233–339 252–320
53	72–87 74–85	93–119 96–116	114–151 119–146	135–183 142–176	156–215 165–206	176–248 188–236	197–280 211–266	217–313 234–296	238–345 257–326
54	74–88 75–87	95–125 98–118	117–153 121–149	138–186 145–179	159–219 168–210	180–252 192–240	201–285 215–271	222–318 239–301	243–351 262–332
55	75–90 76–89	97–123 100–120	119–156 124–151	141–189 148–182	162–223 172–213	184–256 196–244	205–290 220–275	227–323 243–307	248–357 267–338
56	77–91 78–90	99–121 102–122	121–159 126–154	143–193 151–185	165–227 175–217	187–261 199–249	209–295 224–280	231–329 248–312	253–363 273–343
57	78–93 79–92	101–127 104–124	124–161 129–156	146–196 153–189	169–230 178–221	191–265 203–253	213–300 228–285	236–334 253–317	258–369 278–349
58	80–94 81–93	103–129 106–126	126–164 131–159	149–199 156–192	172–234 182–224	195–269 207–257	218–304 232–290	240–340 258–322	263–275 283–355
59	81–96 82–95	105–131 108–128	128–167 133–162	152–202 159–195	175–238 185–228	198–274 211–261	222–309 237–294	245–345 262–328	268–381 288–361
60	82–98 84–96	107–133 110–130	131–169 136–164	155–205 162–198	178–242 188–232	202–278 215–265	226–314 241–299	240–351 267–333	273–387 293–367

[표 F-1] 순위법의 유의성 검정표(5%)

반복 수	처리 수								
	2	3	4	5	6	7	8	9	10
61	84–99 85–98	108–136 112–132	133–172 138–167	157–209 165–201	182–245 192–235	206–282 218–270	230–319 245–304	254–356 272–338	278–393 299–372
62	85–101 87–99	110–138 113–135	135–175 141–169	160–212 168–204	185–249 195–239	210–286 222–274	234–324 249–309	259–361 277–343	283–399 304–378
63	87–102 88–101	112–140 115–137	138–177 143–172	163–215 171–207	188–253 198–243	213–291 226–278	238–329 254–313	263–367 281–349	288–405 309–384
64	88–104 89–103	114–142 117–139	140–180 145–175	166–218 173–211	191–257 202–246	217–295 230–282	242–334 258–318	268–372 286–354	293–411 314–390
65	90–105 91–104	116–144 119–141	142–183 148–177	169–221 176–214	195–260 205–250	221–299 233–287	246–339 262–323	272–378 291–359	298–417 319–396
66	91–107 92–106	118–146 121–143	145–185 150–180	171–225 179–217	198–264 208–254	224–304 237–291	251–343 266–328	277–383 295–365	303–423 325–401
67	93–108 94–107	120–148 123–145	147–188 152–183	174–228 182–220	201–268 212–257	228–308 241–295	255–348 271–332	281–389 300–370	308–429 330–407
68	94–110 95–109	122–150 125–147	149–191 155–185	177–231 185–223	204–272 215–261	232–312 245–299	259–353 275–337	286–394 305–375	313–435 335–413
69	95–112 97–110	124–152 127–149	152–193 157–188	180–234 188–226	208–275 218–265	235–317 249–303	263–358 279–342	291–399 310–380	318–441 340–419
70	97–113 98–112	125–155 129–161	154–196 160–190	183–237 191–229	211–279 221–269	239–321 252–308	267–363 283–347	295–405 314–386	323–447 345–425
71	98–115 100–113	127–157 131–153	156–199 162–193	185–241 193–233	214–283 225–272	243–325 256–312	271–368 288–351	300–410 319–391	328–453 351–430
72	100–116 101–115	129–159 133–155	159–201 164–196	188–244 196–236	217–287 228–276	247–329 260–316	276–372 292–356	305–415 324–396	333–459 356–436
73	101–118 102–117	131–161 135–157	161–204 167–198	191–247 199–239	221–290 231–280	250–334 264–320	280–377 296–361	309–421 329–401	338–465 361–442
74	103–119 104–118	133–163 136–160	163–207 169–201	194–250 202–242	224–294 235–283	254–338 268–324	284–382 301–365	314–426 333–407	344–470 366–448
75	104–121 105–120	135–165 138–162	166–209 172–203	197–253 205–245	227–298 238–287	258–342 272–328	288–387 305–370	318–432 338–412	349–476 372–453

네 개의 숫자는 최소 비유의적 순위합- 최대 비유의적 순위합(표준시료가 없는 경우), 최소 비유의적 순위합- 최대 비유의적 순위합(표준시료가 있는 경우)을 나타낸다.

반복 수	처리 수								
	2	3	4	5	6	7	8	9	10
2	– –	– –	– –	– –	– –	– –	– –	– –	– 3–19
3	– –	– –	– –	– 4–14	– 4–17	– 4–20	– 5–22	– 5–25	4–29 6–27
4	– –	– –	– 5–15	5–19 6–18	5–23 6–22	5–27 7–25	6–30 8–28	6–34 8–32	6–38 9–35
5	– –	– 6–14	6–19 7–18	7–23 8–22	7–28 9–26	8–32 10–30	8–37 11–34	9–41 12–38	9–46 13–42
6	– –	7–17 8–16	8–22 9–21	9–27 10–26	9–33 12–30	10–38 13–35	11–43 14–40	12–48 16–44	13–53 17–49
7	– 8–13	8–20 9–19	10–25 11–24	11–31 12–30	12–37 14–35	13–43 16–40	14–49 18–45	15–55 19–51	16–61 21–56
8	9–15 9–15	10–22 11–21	11–29 13–27	13–35 15–33	14–42 17–39	16–48 19–45	17–55 21–51	19–61 23–57	20–68 25–63
9	10–17 10–17	12–24 12–24	13–32 15–30	15–39 17–37	17–46 20–43	19–53 22–50	21–60 25–56	22–68 27–63	24–75 30–69
10	11–19 11–19	13–27 14–26	15–35 17–33	18–42 20–40	20–50 23–47	22–58 25–55	24–66 28–62	26–74 31–69	28–82 34–76
11	12–21 13–20	15–29 16–28	17–38 19–36	20–46 22–44	22–55 25–52	25–63 29–59	27–72 32–67	30–80 35–75	32–89 39–82
12	14–22 14–22	17–31 18–30	19–41 21–39	22–50 25–47	25–59 28–56	28–68 32–64	31–77 36–72	33–87 39–81	36–96 43–89
13	15–24 15–24	18–34 19–33	21–44 23–42	25–53 27–51	28–63 31–60	31–73 35–69	34–83 39–78	37–93 44–86	40–103 48–95
14	16–26 17–25	20–36 21–35	24–46 25–45	27–57 30–54	31–67 34–64	34–78 39–73	38–88 43–83	41–99 48–92	45–109 52–102
15	18–27 18–27	22–38 23–37	26–49 28–47	30–60 32–58	34–71 37–68	37–83 42–78	41–94 47–88	45–105 52–98	49–116 57–108
16	19–29 19–29	23–41 25–39	28–52 30–50	32–64 35–61	36–76 40–72	41–87 46–82	45–99 51–93	49–111 56–104	53–123 61–115
17	20–31 21–30	25–43 26–42	30–55 32–53	35–67 38–64	39–80 43–76	44–92 49–87	49–104 55–98	53–117 60–110	58–129 66–121
18	22–32 22–32	27–45 28–44	32–58 34–56	37–71 40–68	42–84 46–80	47–97 52–92	52–110 59–103	57–123 65–115	62–136 71–127
19	23–34 24–33	29–47 30–46	34–61 36–59	40–74 43–71	45–88 49–84	50–102 56–96	56–115 62–109	61–129 69–121	67–142 76–133
20	24–36 25–35	30–50 32–48	36–64 38–62	42–78 45–75	48–92 52–88	54–106 59–101	60–120 66–114	65–135 73–127	71–149 80–140

[표 F-2] 순위법의 유의성 검정표(1%) (계속)

반복 수	처리 수								
	2	3	4	5	6	7	8	9	10
21	26–37 26–37	32–52 33–51	38–67 41–64	45–81 48–78	51–96 55–92	57–111 63–105	63–126 70–119	69–141 78–132	75–156 85–146
22	27–39 28–38	34–54 35–53	40–70 43–67	47–85 51–81	54–100 58–96	60–116 66–110	67–131 74–124	74–146 82–138	80–162 90–152
23	28–41 29–40	36–56 37–55	43–72 45–70	50–88 53–85	57–104 62–99	64–120 70–114	71–136 78–129	78–152 86–144	85–168 95–158
24	30–42 30–42	37–59 39–57	45–75 47–73	52–92 56–88	60–108 65–103	67–125 73–119	75–141 82–134	82–158 91–149	89–175 99–165
25	31–44 32–43	39–61 41–59	47–78 50–75	55–95 59–91	63–112 68–107	71–129 77–123	78–147 86–139	86–164 95–155	94–181 104–171
26	33–45 33–45	41–63 42–62	49–81 52–78	57–99 61–95	66–116 71–111	74–134 80–128	82–152 90–144	90–170 100–166	98–188 109–177
27	34–47 35–46	43–65 44–64	51–84 54–81	60–102 64–98	69–120 74–115	77–139 84–132	86–157 94–149	94–176 104–166	103–194 114–183
28	35–49 36–48	44–68 46–66	54–86 56–84	63–105 67–101	72–124 77–119	81–143 88–136	90–162 98–154	99–181 108–172	108–200 119–189
29	37–50 37–50	46–70 48–68	56–89 59–86	65–109 69–105	75–128 80–123	84–148 91–141	94–167 102–159	103–187 113–177	112–207 124–195
30	38–52 39–51	48–72 50–70	58–92 61–89	68–112 72–108	78–132 83–127	88–152 95–145	97–173 106–164	107–193 117–183	117–213 129–201
31	39–54 40–53	50–74 51–73	60–95 63–92	71–115 75–111	81–136 86–131	91–157 98–150	101–178 110–169	112–198 122–188	122–219 133–208
32	41–55 41–55	52–76 53–75	62–98 65–95	73–119 77–115	84–140 90–134	95–161 102–154	105–183 114–174	116–204 126–194	126–226 138–214
33	42–57 43–56	53–79 55–77	65–100 68–97	76–122 80–118	87–144 93–138	98–166 105–159	109–188 118–179	120–210 131–199	131–232 143–220
34	44–58 44–58	55–81 57–79	67–103 70–100	78–126 83–121	90–148 96–142	102–170 109–163	113–193 122–184	124–216 135–205	136–238 148–226
35	45–60 46–59	57–83 59–81	69–106 72–103	81–129 86–124	93–152 99–146	105–175 113–167	117–198 126–189	129–221 140–210	141–244 153–232
36	46–62 47–61	59–85 61–83	71–109 74–106	84–132 88–128	96–156 102–150	109–179 116–172	121–203 130–194	133–227 144–216	145–251 158–238
37	48–63 48–63	61–87 63–85	74–111 77–108	86–136 91–131	99–160 105–154	112–184 120–176	125–208 134–199	137–233 149–221	150–257 163–244
38	49–65 50–64	62–90 64–88	76–114 79–111	89–139 94–134	102–164 109–157	116–188 123–181	129–213 138–204	142–238 153–227	155–263 168–250
39	51–66 51–66	64–92 66–90	78–117 81–114	92–142 97–137	105–168 112–161	119–193 127–185	133–218 142–209	146–244 158–232	160–269 173–256
40	52–68 53–67	66–94 68–92	80–120 84–116	94–146 99–141	109–171 115–165	123–197 131–189	137–223 146–214	150–250 162–238	164–276 178–262

반복 수	처리 수								
	2	3	4	5	6	7	8	9	10
41	53–70 54–69	68–96 70–94	83–122 86–119	97–149 102–144	112–175 118–169	126–202 134–194	140–229 150–219	155–255 167–243	169–282 183–268
42	55–71 56–70	70–98 72–96	85–125 88–122	100–152 105–147	115–179 121–173	130–206 138–198	144–234 155–223	159–261 171–249	174–288 188–274
43	56–73 57–72	72–100 74–98	87–128 91–124	103–155 108–150	118–183 125–176	133–211 142–202	148–239 159–228	164–266 176–254	179–294 193–280
44	58–74 58–74	73–103 75–101	89–131 93–127	105–159 110–154	121–187 128–180	137–215 145–207	152–244 163–233	168–272 180–260	184–300 198–286
45	59–76 60–75	75–105 77–103	92–133 95–130	108–162 113–157	124–191 131–184	140–220 149–211	156–249 167–238	172–278 185–265	188–307 203–292
46	60–78 61–77	77–107 79–105	94–136 97–133	111–165 116–160	127–195 134–188	144–224 153–215	160–254 171–243	177–283 189–271	193–313 208–298
47	62–79 63–78	79–109 81–107	96–139 100–135	113–169 119–163	130–199 137–192	147–229 156–220	164–259 175–248	181–289 194–276	198–319 213–304
48	63–81 64–80	81–111 83–109	98–142 102–138	116–172 121–167	133–203 141–195	151–233 160–224	168–264 179–253	186–294 198–282	203–325 218–310
49	65–82 65–82	83–113 85–111	101–144 104–141	119–175 124–170	137–206 144–199	155–237 164–228	172–269 183–258	190–300 203–287	208–331 223–316
50	66–84 67–83	84–116 87–113	103–147 107–143	121–179 127–173	140–210 147–203	158–242 167–233	176–274 187–263	195–305 208–292	213–337 228–322
51	67–86 68–85	86–118 88–116	105–150 109–146	124–182 130–176	143–214 150–207	162–246 171–237	180–279 192–267	199–311 212–298	218–343 233–328
52	69–87 70–86	88–120 90–118	108–152 111–149	127–185 132–180	146–218 153–211	165–251 175–241	184–284 196–272	203–317 217–303	222–350 238–334
53	70–89 71–88	90–122 92–120	110–155 114–151	130–188 135–183	149–222 157–214	169–255 178–246	188–289 200–277	208–322 221–309	227–356 243–340
54	72–90 73–89	92–124 94–122	112–158 116–154	132–192 138–186	152–226 160–218	172–260 182–250	192–294 204–282	212–328 226–314	232–362 248–346
55	73–92 74–91	94–126 96–124	114–161 118–157	135–195 141–189	156–229 163–222	176–264 186–254	196–299 208–287	217–333 231–319	237–368 253–352
56	74–94 75–93	96–128 98–126	117–163 121–159	138–198 143–193	159–233 166–226	180–268 189–259	200–304 212–292	221–339 235–325	242–374 258–358
57	76–95 77–94	97–131 100–128	119–166 123–162	140–202 146–196	162–237 170–229	183–273 193–263	205–308 216–297	226–344 240–330	247–380 263–364
58	77–97 78–96	99–133 102–130	121–169 125–165	143–205 149–199	165–241 173–233	187–277 197–267	209–313 220–302	230–350 244–336	252–386 268–370
59	79–98 80–97	101–135 103–133	124–171 128–167	146–208 152–202	168–245 176–237	190–282 200–272	213–318 225–306	235–355 249–341	257–392 273–376

[표 F-2] 순위법의 유의성 검정표(1%)

반복 수	처리 수								
	2	3	4	5	6	7	8	9	10
60	80–100 81–99	103–137 105–135	126–174 130–170	149–211 155–205	171–249 179–241	191–286 204–276	217–323 229–311	239–361 254–346	262–398 278–382
61	82–101 82–101	105–139 107–137	128–177 132–173	151–215 157–209	175–252 183–244	198–290 208–280	221–328 233–316	244–366 258–352	267–404 283–388
62	83–103 84–102	107–141 109–139	130–180 135–175	154–218 160–212	178–256 186–248	201–295 211–285	225–333 237–321	248–372 263–357	271–411 288–394
63	84–105 85–104	109–143 111–141	133–182 137–178	157–221 163–215	181–260 189–252	205–299 215–289	229–338 241–326	253–377 267–363	276–417 294–399
64	86–106 87–105	110–146 113–143	135–185 139–181	160–224 166–218	184–264 192–256	209–303 219–293	233–343 245–331	257–383 272–368	281–423 299–405
65	87–108 88–107	112–148 115–145	137–188 142–183	162–228 169–221	187–268 196–259	212–308 223–297	237–348 250–335	262–388 277–373	286–429 304–411
66	89–109 90–108	114–150 117–147	140–190 144–186	165–231 171–225	190–272 199–263	216–312 226–302	241–353 254–340	266–394 281–379	291–435 309–417
67	90–111 91–110	116–152 119–149	142–193 146–189	168–234 174–228	194–275 202–267	219–317 230–306	245–358 258–345	271–399 286–384	296–441 314–423
68	91–113 92–112	118–154 120–152	144–196 149–191	171–237 177–231	197–279 205–271	223–321 234–310	249–363 262–350	275–405 291–389	301–447 319–429
69	93–114 94–113	120–156 122–154	147–198 151–194	173–241 180–234	200–283 209–274	227–325 237–315	253–368 266–355	280–410 295–395	306–453 324–435
70	94–116 95–115	122–158 124–156	149–201 153–197	176–244 183–237	203–287 212–278	230–330 241–319	257–373 270–360	284–416 300–400	311–459 329–441
71	96–117 97–116	123–161 126–158	151–204 156–199	179–247 185–241	206–291 215–282	234–334 245–323	261–378 275–364	289–421 304–406	316–465 334–447
72	97–119 98–118	125–163 128–160	153–207 158–202	182–250 188–244	210–294 218–286	238–338 249–327	265–383 279–369	293–427 309–411	321–471 339–453
73	99–120 100–119	127–165 130–162	156–209 160–205	184–254 191–247	213–298 222–289	241–343 252–332	270–387 283–374	298–432 314–416	326–477 345–458
74	100–122 101–121	129–167 132–164	158–212 163–207	187–257 194–250	216–302 225–293	245–347 256–336	274–392 287–379	302–438 318–422	331–483 350–464
75	101–124 102–123	131–169 134–166	160–215 165–210	190–260 197–253	219–306 228–297	249–351 260–340	278–397 291–384	307–443 323–427	336–489 355–470

[표 F-3] Basker(1988)에 의한 순위법 유의성 검정표(5%) (계속)

아래의 표는 유의성을 표명하는 순위합의 차이값을 나타낸다.

패널 수	제품 수							
	3	4	5	6	7	8	9	10
2	–	–	8	10	12	14	16	18
3	6	8	11	13	15	18	20	23
4	7	10	13	15	18	21	24	27
5	8	11	14	17	21	24	27	30
6	9	12	15	19	22	26	30	34
7	10	13	17	20	24	28	32	36
8	10	14	18	22	26	30	34	40
9	10	15	19	23	27	32	36	41
10	11	15	20	24	29	34	38	43
11	11	16	21	26	30	35	40	45
12	12	17	22	27	32	37	42	48
13	12	18	23	28	33	39	44	50
14	13	18	24	29	34	40	46	52
15	13	19	24	30	36	42	47	53
16	13.3	18.8	24.4	30.2	36.0	42.0	48.1	54.2
17	13.7	19.3	25.2	31.1	37.1	43.3	49.5	55.9
18	14.1	19.9	25.9	32.0	38.2	44.5	51.0	57.5
19	14.4	20.4	26.6	32.9	39.3	45.8	52.4	59.0

[표 F-3] Basker(1988)에 의한 순위법 유의성 검정표(5%) (계속)

패널 수	제품 수								
	2	3	4	5	6	7	8	9	10
20	8.8	14.8	21.0	27.3	33.7	40.3	47.0	53.7	60.6
21	9.0	15.2	21.5	28.0	34.6	41.3	48.1	55.1	62.1
22	9.2	15.5	22.0	28.6	35.4	42.3	49.2	56.4	63.5
23	9.4	15.9	22.5	29.3	36.2	43.2	50.3	57.6	65.0
24	9.6	16.2	23.0	29.9	36.9	44.1	51.4	58.9	66.4
25	9.8	16.6	23.5	30.5	37.7	45.0	52.5	60.1	67.7
26	10.0	16.9	23.9	31.1	38.4	45.9	53.5	61.3	69.1
27	10.2	17.2	24.4	31.7	39.2	46.8	54.6	62.4	70.4
28	10.4	17.5	24.8	32.3	39.9	47.7	55.6	63.6	71.7
29	10.6	17.8	25.3	32.8	40.6	48.5	56.5	64.7	72.9
30	10.7	18.2	25.7	33.4	41.3	49.3	57.5	65.8	74.2
31	10.9	18.5	26.1	34.0	42.0	50.2	58.5	66.9	75.4
32	11.1	18.7	26.5	34.5	42.6	51.0	59.4	68.0	76.6
33	11.3	19.0	26.9	35.0	43.3	51.7	60.3	69.0	77.8
34	11.4	19.3	27.3	35.6	44.0	52.5	61.2	70.1	79.0
35	11.6	19.6	27.7	36.1	44.6	53.3	62.1	71.1	80.1
36	11.8	19.9	28.1	36.6	45.2	54.0	63.0	72.1	81.3
37	11.9	20.2	28.5	37.1	45.9	54.8	63.9	73.1	82.4
38	12.1	20.4	28.9	37.6	46.5	55.5	64.7	74.1	83.5
39	12.2	20.7	29.3	38.1	47.1	56.3	65.6	75.0	84.6
40	12.4	21.0	29.7	38.6	47.7	57.0	66.4	76.0	85.7
41	12.6	21.2	30.0	39.1	48.3	57.7	67.2	76.9	86.7
42	12.7	21.5	30.4	39.5	48.9	58.4	68.0	77.9	87.8
43	12.9	21.7	30.8	40.0	49.4	59.1	68.8	78.8	88.8
44	13.0	22.0	31.1	40.5	50.0	59.8	69.6	79.7	89.9
45	13.1	22.2	31.5	40.9	50.6	60.4	70.4	80.6	90.9
46	13.3	22.5	31.8	41.4	51.1	61.1	71.2	81.5	91.9
47	13.4	22.7	32.2	41.8	51.7	61.8	72.0	82.4	92.9
48	13.6	23.0	32.5	42.3	52.2	62.4	72.7	83.2	93.8
49	13.7	23.2	32.8	42.7	52.8	63.1	73.5	84.1	94.8
50	13.9	23.4	33.2	43.1	53.3	63.7	74.2	85.0	95.8
51	14.0	23.7	33.5	43.6	53.8	64.3	75.0	85.8	96.7
52	14.1	23.9	33.8	44.0	54.4	65.0	75.7	86.6	97.7
53	14.3	24.1	34.1	44.4	54.9	65.6	76.4	87.5	98.6
54	14.4	24.4	34.5	44.8	55.4	66.2	77.1	88.3	99.5
55	14.5	24.6	34.8	45.2	55.9	66.8	77.9	89.1	100.5
56	14.7	24.8	35.1	45.6	56.4	67.4	78.6	89.9	101.4
57	14.8	25.0	35.4	46.1	56.9	68.0	79.3	90.7	102.3
58	14.9	25.2	35.7	46.5	57.4	68.6	80.0	91.5	103.2
59	15.1	25.5	36.0	46.9	57.9	69.2	80.6	92.3	104.0
60	15.2	25.7	36.3	47.3	58.4	69.8	81.3	93.1	104.9
61	15.3	25.9	36.6	47.6	58.9	70.4	82.0	93.8	105.8
62	15.4	26.1	36.9	48.0	59.4	70.9	82.7	94.6	106.7
63	15.6	26.3	37.2	48.4	59.8	71.5	83.3	95.4	107.5
64	15.7	26.5	37.5	48.8	60.3	72.1	84.0	96.1	108.4
65	15.8	26.7	37.8	49.2	60.8	72.6	84.6	96.9	109.2
66	15.9	26.9	38.1	49.6	61.3	73.2	85.3	97.6	110.0
67	16.0	27.1	38.4	49.9	61.7	73.7	85.9	98.3	110.9
68	16.2	27.3	38.7	50.3	62.2	74.3	86.6	99.1	111.7
69	16.3	27.5	39.0	50.7	62.6	74.8	87.2	99.8	112.5
70	16.4	27.7	39.2	51.0	63.1	75.4	87.8	100.5	113.3

[표 F-3] Basker(1988)에 의한 순위법 유의성 검정표(5%)

패널 수	제품 수								
	2	3	4	5	6	7	8	9	10
71	16.5	27.9	39.5	51.4	63.5	75.9	88.5	101.2	114.1
72	16.6	28.1	39.8	51.8	64.0	76.4	89.1	101.9	114.9
73	16.7	28.3	40.1	52.1	64.4	77.0	89.7	102.7	115.7
74	16.9	28.5	40.3	52.5	64.9	77.5	90.3	103.4	116.5
75	17.0	28.7	40.6	52.8	65.3	78.0	90.9	104.0	117.3
76	17.1	28.9	40.9	53.2	65.7	78.5	91.5	104.7	118.1
77	17.2	29.1	41.2	53.5	66.2	79.0	92.1	105.4	118.9
78	17.3	29.3	41.4	53.9	66.6	79.6	92.7	106.1	119.6
79	17.4	29.5	41.7	54.2	67.0	80.1	93.3	106.8	120.4
80	17.5	29.6	42.0	54.6	67.4	80.6	93.9	107.5	121.2
81	17.6	29.8	42.2	54.9	67.9	81.1	94.5	108.1	121.9
82	17.7	30.0	42.5	55.2	68.3	81.6	95.1	108.8	122.7
83	17.9	30.2	42.7	55.6	68.7	82.1	95.6	109.5	123.4
84	18.0	30.4	43.0	55.9	69.1	82.6	96.2	110.1	124.1
85	18.1	30.6	43.2	56.2	69.5	83.1	96.8	110.8	124.9
86	18.2	30.7	43.5	56.6	69.9	83.5	97.4	111.4	125.6
87	18.3	30.9	43.7	56.9	70.3	84.0	97.9	112.1	126.3
88	18.4	31.1	44.0	57.2	70.7	84.5	98.5	112.7	127.1
89	18.5	31.3	44.2	57.5	71.1	85.0	99.0	113.3	127.8
90	18.6	31.4	44.5	57.9	71.5	85.5	99.6	114.0	128.5
91	18.7	31.6	44.7	58.2	71.9	85.9	100.1	114.6	129.2
92	18.8	31.8	45.0	58.5	72.3	86.4	100.7	115.2	129.9
93	18.9	32.0	45.2	58.8	72.7	86.9	101.2	115.9	130.6
94	19.0	32.1	45.5	59.1	73.1	87.3	101.8	116.5	131.3
95	19.1	32.3	45.7	59.5	73.5	87.8	102.3	117.1	132.0
96	19.2	32.5	46.0	59.8	73.9	88.3	102.9	117.7	132.7
97	19.3	32.6	46.2	60.1	74.3	88.7	103.4	118.3	133.4
98	19.4	32.8	46.4	60.4	74.6	89.2	103.9	118.9	134.1
99	19.5	33.0	46.7	60.7	75.0	89.6	104.5	119.5	134.8
100	19.6	33.1	46.9	61.0	75.4	90.1	105.0	120.1	135.5
101	19.7	33.3	47.1	61.3	75.8	90.5	105.5	120.7	136.1
102	19.8	33.5	47.4	61.6	76.1	91.0	106.0	121.3	136.8
103	19.9	33.6	47.6	61.9	76.5	91.4	106.5	121.9	137.5
104	20.0	33.8	47.8	62.2	76.9	91.9	107.1	122.5	138.1
105	20.1	34.0	48.1	62.5	77.3	92.3	107.6	123.1	138.8
106	20.2	34.1	48.3	62.8	77.6	92.7	108.1	123.7	139.5
107	20.3	34.3	48.5	63.1	78.0	93.2	108.6	124.3	140.1
108	20.4	34.4	48.7	63.4	78.4	93.6	109.1	124.9	140.8
109	20.5	34.6	49.0	63.7	78.7	94.0	109.6	125.4	141.4
110	20.6	34.8	49.2	64.0	79.1	94.5	110.1	126.0	142.1
111	20.7	34.9	49.4	64.3	79.4	94.9	110.6	126.6	142.7
112	20.7	35.1	49.6	64.6	79.8	95.3	111.1	127.1	143.4
113	20.8	35.2	49.9	64.8	80.1	95.8	111.6	127.7	144.0
114	20.9	35.4	50.1	65.1	80.5	96.2	112.1	128.3	144.6
115	21.0	35.5	50.3	65.4	80.9	96.6	112.6	128.8	145.3
116	21.1	35.7	50.5	65.7	81.2	97.0	113.1	129.4	145.9
117	21.2	35.8	50.7	66.0	81.6	97.4	113.6	130.0	146.5
118	21.3	36.0	50.9	66.3	81.9	97.9	114.0	130.5	147.1
119	21.4	36.2	51.2	66.5	82.2	98.3	114.5	131.1	147.8
120	21.5	36.3	51.4	66.8	82.6	98.7	115.0	131.6	148.4

[표 F-4] Basker(1988)에 의한 순위법 유의성 검정표(1%) (계속)

패널 수	제품 수							
	3	4	5	6	7	8	9	10
2	–	–	–	–	–	–	–	19
3	–	9	12	14	17	19	22	24
4	8	11	14	17	20	23	26	29
5	9	13	16	19	23	26	30	33
6	10	14	18	21	25	29	33	37
7	11	15	19	23	28	32	36	40
8	12	16	21	25	30	34	39	43
9	13	17	22	27	32	36	41	46
10	13	18	23	28	33	38	44	49
11	14	19	24	30	35	40	46	51
12	15	20	26	31	37	42	48	54
13	15	21	27	32	38	44	50	56
14	16	22	28	34	40	46	52	58
15	16	22	28	35	41	48	54	60
16	16.5	22.7	29.1	35.6	42.2	48.9	55.6	62.5
17	17.0	23.4	30.0	36.7	43.5	50.4	57.3	64.4
18	17.5	24.1	30.9	37.8	44.7	51.8	59.0	66.2
19	18.0	24.8	31.7	38.8	46.0	53.2	60.6	68.1

패널 수	제품 수								
	2	3	4	5	6	7	8	9	10
20	11.5	18.4	25.4	32.5	39.8	47.2	54.6	62.2	69.8
21	11.8	18.9	26.0	33.4	40.8	48.3	56.0	63.7	71.6
22	12.1	19.3	26.7	34.1	41.7	49.5	57.3	65.2	73.2
23	12.4	19.8	27.3	34.9	42.7	50.6	58.6	66.7	74.9
24	12.6	20.2	27.8	35.7	43.6	51.7	59.8	68.1	76.5
25	12.9	20.6	28.4	36.4	44.5	52.7	61.1	69.5	78.1
26	13.1	21.0	29.0	37.1	45.4	53.8	62.3	70.9	79.6
27	13.4	21.4	29.5	37.8	46.2	54.8	63.5	72.3	81.1
28	13.6	21.8	30.1	38.5	47.1	55.8	64.6	73.6	82.6
29	13.9	22.2	30.6	39.2	47.9	56.8	65.8	74.9	84.1
30	14.1	22.6	31.1	39.9	48.7	57.8	66.9	76.2	85.5
31	14.3	22.9	31.6	40.5	49.6	58.7	68.0	77.4	86.9
32	14.6	23.3	32.2	41.2	50.3	59.7	69.1	78.7	88.3
33	14.8	23.7	32.7	41.8	51.1	60.6	70.2	79.9	89.7
34	15.0	24.0	33.1	42.4	51.9	61.5	71.2	81.1	91.0
35	15.2	24.4	33.6	43.1	52.7	62.4	72.3	82.3	92.4
36	15.5	24.7	34.1	43.7	53.4	63.3	73.3	83.4	93.7
37	15.7	25.1	34.6	44.3	54.1	64.2	74.3	84.6	95.0
38	15.9	25.4	35.0	44.9	54.9	65.0	75.3	85.7	96.2
39	16.1	25.7	35.5	45.5	55.6	65.9	76.3	86.8	97.5
40	16.3	26.1	36.0	46.0	56.3	66.7	77.3	88.0	98.7
41	16.5	26.4	36.4	46.6	57.0	67.5	78.2	89.0	100.0
42	16.7	26.7	36.8	47.2	57.7	68.3	79.2	90.1	101.2
43	16.9	27.0	37.3	47.7	58.4	69.2	80.1	91.2	102.4
44	17.1	27.3	37.7	48.3	59.0	70.0	81.0	92.2	103.6
45	17.3	27.6	38.1	48.8	59.7	70.7	81.9	93.3	104.7
46	17.5	27.9	38.6	49.4	60.4	71.5	82.9	94.3	105.9
47	17.7	28.2	39.0	49.9	61.0	72.3	83.7	95.3	107.0
48	17.8	28.5	39.4	50.4	61.7	73.1	84.6	96.3	108.2
49	18.0	28.8	39.8	50.9	62.3	73.8	85.5	97.3	109.3
50	18.2	29.1	40.2	51.5	62.9	74.6	86.4	98.3	110.4
51	18.4	29.4	40.6	52.0	63.6	75.3	87.2	99.3	111.5
52	18.6	29.7	41.0	52.5	64.2	76.1	88.1	100.3	112.6
53	18.8	30.0	41.4	53.0	64.8	76.8	88.9	101.2	113.7
54	18.9	30.3	41.8	53.5	65.4	77.5	89.8	102.2	114.7
55	19.1	30.6	42.2	54.0	66.0	78.2	90.6	103.1	115.8
56	19.3	30.8	42.5	54.5	66.6	78.9	91.4	104.1	116.8
57	19.4	31.1	42.9	54.9	67.2	79.6	92.2	105.0	117.9
58	19.6	31.4	43.3	55.4	67.8	80.3	93.0	105.9	118.9
59	19.8	31.6	43.7	55.9	68.4	81.0	93.8	106.8	119.9
60	20.0	31.9	44.0	56.4	68.9	81.7	94.6	107.7	120.9
61	20.1	32.2	44.4	56.8	69.5	82.4	95.4	108.6	121.9
62	20.3	32.4	44.8	57.3	70.1	83.0	96.2	109.5	122.9
63	20.4	32.7	45.1	57.8	70.6	83.7	97.0	110.4	123.9
64	20.6	33.0	45.5	58.2	71.2	84.4	97.7	111.3	124.9
65	20.8	33.2	45.8	58.7	71.8	85.0	98.5	112.1	125.9
66	20.9	33.5	46.2	59.1	72.3	85.7	99.2	113.0	126.9
67	21.1	33.7	46.5	59.6	72.8	86.3	100.0	113.8	127.9
68	21.2	34.0	46.9	60.0	73.4	87.0	100.7	114.7	128.8
69	21.4	34.2	47.2	60.5	73.9	87.6	101.5	115.5	129.7
70	21.6	34.5	47.6	60.9	74.5	88.2	102.2	116.4	130.6

[표 F-4] Basker(1988)에 의한 순위법 유의성 검정표(1%)

패널 수	제품 수								
	2	3	4	5	6	7	8	9	10
71	21.7	34.7	47.9	61.3	75.0	88.9	102.9	117.2	131.6
72	21.9	35.0	48.2	61.8	75.5	89.5	103.7	118.0	132.5
73	22.0	35.2	48.6	62.2	76.0	90.1	104.4	118.8	133.4
74	22.2	35.4	48.9	62.6	76.0	90.7	105.1	119.6	134.3
75	22.3	35.7	49.2	63.0	76.6	91.3	105.8	120.4	135.2
76	22.5	35.9	49.6	63.4	77.1	91.9	106.5	121.2	136.1
77	22.6	36.2	49.9	63.9	77.6	92.5	107.2	122.0	137.0
78	22.8	36.4	50.2	64.3	78.1	93.1	107.9	122.8	137.9
79	22.9	36.6	50.5	64.7	78.6	93.7	108.6	123.6	138.8
80	23.0	36.9	50.8	65.1	79.1	94.3	109.3	124.4	139.7
81	23.2	37.1	51.2	65.5	79.6	94.9	109.9	125.2	140.5
82	23.3	37.3	51.5	65.9	80.1	95.5	110.6	125.9	141.4
83	23.5	37.5	51.8	66.3	80.6	96.1	111.3	126.7	142.2
84	23.6	37.8	52.1	66.7	81.1	96.7	112.0	127.5	143.1
85	23.7	38.0	52.4	67.1	81.6	97.2	112.6	128.2	144.0
86	23.9	38.2	52.7	67.5	82.0	97.8	113.3	129.0	144.8
87	24.0	38.4	53.0	67.9	82.5	98.4	113.9	129.7	145.6
88	24.2	38.6	53.3	68.3	83.0	98.9	114.6	130.5	146.5
89	24.3	38.9	53.6	68.7	83.5	99.5	115.2	131.2	147.3
90	24.4	39.1	53.9	69.0	84.0	100.1	115.9	131.9	148.1
91	24.6	39.3	54.2	69.4	84.4	100.6	116.5	132.7	148.9
92	24.7	39.5	54.5	69.8	84.9	101.2	117.2	133.4	149.8
93	24.8	39.7	54.8	70.2	85.4	101.7	117.8	134.1	150.6
94	25.0	39.9	55.1	70.6	85.8	102.3	118.4	134.8	151.4
95	25.1	40.2	55.4	70.9	86.3	102.8	119.1	135.5	152.2
96	25.2	40.4	55.7	71.3	86.7	103.3	119.7	136.3	153.0
97	25.4	40.6	56.0	71.7	87.2	103.9	120.3	137.0	153.8
98	25.5	40.8	56.3	72.0	87.7	104.4	120.9	137.7	154.6
99	25.6	41.0	56.6	72.4	88.1	104.9	121.5	138.4	155.4
100	25.8	41.2	56.8	72.8	88.5	105.5	122.2	139.1	156.1
101	25.9	41.4	57.1	73.1	89.0	106.0	122.8	139.8	156.9
102	26.0	41.6	57.4	73.5	89.4	106.5	123.4	140.5	157.7
103	26.1	41.8	57.7	73.9	89.9	107.0	124.0	141.1	158.5
104	26.3	42.0	58.0	74.2	90.3	107.6	124.6	141.8	159.2
105	26.4	42.2	58.2	74.6	91.2	108.1	125.2	142.5	160.0
106	26.5	42.4	58.5	74.9	91.6	108.6	125.8	143.2	160.8
107	26.6	42.6	58.8	75.3	92.1	109.1	126.4	143.9	161.5
108	26.8	42.8	59.1	75.6	92.5	109.6	126.9	144.5	162.3
109	26.9	43.0	59.3	76.0	92.9	110.1	127.5	145.2	163.0
110	27.0	43.2	59.6	76.3	93.9	110.6	128.1	145.9	163.8
111	27.1	43.4	59.9	76.7	93.8	111.1	128.7	146.5	164.5
112	27.3	43.6	60.2	77.0	94.2	111.6	129.3	147.2	165.2
113	27.4	43.8	60.4	77.4	94.6	112.1	129.9	147.8	166.0
114	27.5	44.0	60.7	77.7	95.0	112.6	130.4	148.5	166.7
115	27.6	44.2	61.0	78.0	95.4	113.1	131.0	149.1	167.4
116	27.7	44.4	61.2	78.4	95.9	113.6	131.6	149.8	168.2
117	27.9	44.6	61.5	78.7	96.3	114.1	132.1	150.4	168.9
118	28.0	44.8	61.7	79.1	96.7	114.6	132.7	151.1	169.6
119	28.1	44.9	62.0	79.4	97.1	115.0	133.3	151.7	170.3
120	28.2	45.1	62.3	79.7	97.5	115.5	133.8	152.3	171.0

v_2 \ v_1	1	2	3	4	5	6	7	8	9	10	12	15	20	25	30	40	60
1	39.86	49.50	53.59	55.83	57.24	58.20	58.91	59.44	59.86	60.19	60.71	61.22	61.74	62.05	62.26	62.53	62.79
2	8.53	9.00	9.16	9.24	9.29	9.33	9.35	9.37	9.38	9.39	9.41	9.42	9.44	9.45	9.46	9.47	9.47
3	5.54	5.46	5.39	5.34	5.31	5.28	5.27	5.25	5.24	5.23	5.22	5.20	5.18	5.17	5.17	5.16	5.15
4	4.54	4.32	4.19	4.11	4.05	4.01	3.98	3.95	3.94	3.92	3.90	3.87	3.84	3.83	3.82	3.80	3.79
5	4.06	3.78	3.62	3.52	3.45	3.40	3.37	3.34	3.32	3.30	3.27	3.24	3.21	3.19	3.17	3.16	3.14
6	3.78	3.46	3.29	3.18	3.11	3.05	3.01	2.98	2.96	2.94	2.90	2.87	2.84	2.81	2.80	2.78	2.76
7	3.59	3.26	3.07	2.96	2.88	2.83	2.78	2.75	2.72	2.70	2.67	2.63	2.59	2.57	2.56	2.54	2.51
8	3.46	3.11	2.92	2.81	2.73	2.67	2.62	2.59	2.56	2.54	2.50	2.46	2.42	2.40	2.38	2.36	2.34
9	3.36	3.01	2.81	2.69	2.61	2.55	2.51	2.47	2.44	2.42	2.38	2.34	2.30	2.27	2.25	2.23	2.21
10	3.29	2.92	2.73	2.61	2.52	2.46	2.41	2.38	2.35	2.32	2.28	2.24	2.20	2.17	2.16	2.13	2.11
11	3.23	2.86	2.66	2.54	2.45	2.39	2.34	2.30	2.27	2.25	2.21	2.17	2.12	2.10	2.08	2.05	2.03
12	3.18	2.81	2.61	2.48	2.39	2.33	2.28	2.24	2.21	2.19	2.15	2.10	2.06	2.03	2.01	1.99	1.96
13	3.14	2.76	2.56	2.43	2.35	2.28	2.23	2.20	2.16	2.14	2.10	2.05	2.01	1.98	1.96	1.93	1.90
14	3.10	2.73	2.52	2.39	2.31	2.24	2.19	2.15	2.12	2.10	2.05	2.01	1.96	1.93	1.91	1.89	1.86
15	3.07	2.70	2.49	2.36	2.27	2.21	2.16	2.12	2.09	2.06	2.02	1.97	1.92	1.89	1.87	1.85	1.82
16	3.05	2.67	2.46	2.33	2.24	2.18	2.13	2.09	2.06	2.03	1.99	1.94	1.89	1.86	1.84	1.81	1.78
17	3.03	2.64	2.44	2.31	2.22	2.15	2.10	2.06	2.03	2.00	1.96	1.91	1.86	1.83	1.81	1.78	1.75
18	3.01	2.62	2.42	2.29	2.20	2.13	2.08	2.04	2.00	1.98	1.93	1.89	1.84	1.80	1.78	1.75	1.72
19	2.99	2.61	2.40	2.27	2.18	2.11	2.06	2.02	1.98	1.96	1.91	1.86	1.81	1.78	1.76	1.73	1.70
20	2.97	2.59	2.38	2.25	2.16	2.09	2.04	2.00	1.96	1.94	1.89	1.84	1.79	1.76	1.74	1.71	1.68
21	2.96	2.57	2.36	2.23	2.14	2.08	2.02	1.98	1.95	1.92	1.87	1.83	1.78	1.74	1.72	1.69	1.66
22	2.95	2.56	2.35	2.22	2.13	2.06	2.01	1.97	1.93	1.90	1.86	1.81	1.76	1.73	1.70	1.67	1.64
23	2.94	2.55	2.34	2.21	2.11	2.05	1.99	1.95	1.92	1.89	1.84	1.80	1.74	1.71	1.69	1.66	1.62
24	2.93	2.54	2.33	2.19	2.10	2.04	1.98	1.94	1.91	1.88	1.83	1.78	1.73	1.70	1.67	1.64	1.61
25	2.92	2.53	2.32	2.18	2.09	2.02	1.97	1.93	1.89	1.87	1.82	1.77	1.72	1.68	1.66	1.63	1.59
26	2.91	2.52	2.31	2.17	2.08	2.01	1.96	1.92	1.88	1.86	1.81	1.76	1.71	1.67	1.65	1.61	1.58
27	2.90	2.51	2.30	2.17	2.07	2.00	1.95	1.91	1.87	1.85	1.80	1.75	1.70	1.66	1.64	1.60	1.57
28	2.89	2.50	2.29	2.16	2.06	2.00	1.94	1.90	1.87	1.84	1.79	1.74	1.69	1.65	1.63	1.59	1.56
29	2.89	2.50	2.28	2.15	2.06	1.99	1.93	1.89	1.86	1.83	1.78	1.73	1.68	1.64	1.62	1.58	1.55
30	2.88	2.49	2.28	2.14	2.05	1.98	1.93	1.88	1.85	1.82	1.77	1.72	1.67	1.63	1.61	1.57	1.54
40	2.84	2.44	2.23	2.09	2.00	1.93	1.87	1.83	1.79	1.76	1.71	1.66	1.61	1.57	1.54	1.51	1.47
60	2.79	2.39	2.18	2.04	1.95	1.87	1.82	1.77	1.74	1.71	1.66	1.60	1.54	1.50	1.48	1.44	1.40
120	2.75	2.35	2.13	1.99	1.90	1.82	1.77	1.72	1.68	1.65	1.60	1.55	1.48	1.45	1.41	1.37	1.32
∞	2.71	2.30	2.08	1.94	1.85	1.77	1.72	1.67	1.63	1.60	1.55	1.49	1.42	1.38	1.34	1.30	1.24

[표 G-2] F-분포표(5%)

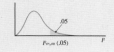

$F_{v_1, v_2}(.05)$

v_2 \ v_1	1	2	3	4	5	6	7	8	9	10	12	15	20	25	30	40	60
1	161.5	199.5	215.7	224.6	230.2	234.0	236.8	238.9	240.5	241.9	243.9	246.0	248.0	249.3	250.1	251.1	252.2
2	18.51	19.00	19.16	19.25	19.30	19.33	19.35	19.37	19.38	19.40	19.41	19.43	19.45	19.46	19.46	19.47	19.48
3	10.13	9.55	9.28	9.12	9.01	8.94	8.89	8.85	8.81	8.79	8.74	8.70	8.66	8.63	8.62	8.59	8.57
4	7.71	6.94	6.59	6.39	6.26	6.16	6.09	6.04	6.00	5.96	5.91	5.86	5.80	5.77	5.75	5.72	5.69
5	6.61	5.79	5.41	5.19	5.05	4.95	4.88	4.82	4.77	4.74	4.68	4.62	4.56	4.52	4.50	4.46	4.43
6	5.99	5.14	4.76	4.53	4.39	4.28	4.21	4.15	4.10	4.06	4.00	3.94	3.87	3.83	3.81	3.77	3.74
7	5.59	4.74	4.35	4.12	3.97	3.87	3.79	3.73	3.68	3.64	3.57	3.51	3.44	3.40	3.38	3.34	3.30
8	5.32	4.46	4.07	3.84	3.69	3.58	3.50	3.44	3.39	3.35	3.28	3.22	3.15	3.11	3.08	3.04	3.01
9	5.12	4.26	3.86	3.63	3.48	3.37	3.29	3.23	3.18	3.14	3.07	3.01	2.94	2.89	2.86	2.83	2.79
10	4.96	4.10	3.71	3.48	3.33	3.22	3.14	3.07	3.02	2.98	2.91	2.85	2.77	2.73	2.70	2.66	2.62
11	4.84	3.98	3.59	3.36	3.20	3.09	3.01	2.95	2.90	2.85	2.79	2.72	2.65	2.60	2.57	2.53	2.49
12	4.75	3.89	3.49	3.26	3.11	3.00	2.91	2.85	2.80	2.75	2.69	2.62	2.54	2.50	2.47	2.43	2.38
13	4.67	3.81	3.41	3.18	3.03	2.92	2.83	2.77	2.71	2.67	2.60	2.53	2.46	2.41	2.38	2.34	2.30
14	4.60	3.74	3.34	3.11	2.96	2.85	2.76	2.70	2.65	2.60	2.53	2.46	2.39	2.34	2.31	2.27	2.22
15	4.54	3.68	3.29	3.06	2.90	2.79	2.71	2.64	2.59	2.54	2.48	2.40	2.33	2.28	2.25	2.20	2.16
16	4.49	3.63	3.24	3.01	2.85	2.74	2.66	2.59	2.54	2.49	2.42	2.35	2.28	2.23	2.19	2.15	2.11
17	4.45	3.59	3.20	2.96	2.81	2.70	2.61	2.55	2.49	2.45	2.38	2.31	2.23	2.18	2.15	2.10	2.06
18	4.41	3.55	3.16	2.93	2.77	2.66	2.58	2.51	2.46	2.41	2.34	2.27	2.19	2.14	2.11	2.06	2.02
19	4.38	3.52	3.13	2.90	2.74	2.63	2.54	2.48	2.42	2.38	2.31	2.23	2.16	2.11	2.07	2.03	1.98
20	4.35	3.49	3.10	2.87	2.71	2.60	2.51	2.45	2.39	2.35	2.28	2.20	2.12	2.07	2.04	1.99	1.95
21	4.32	3.47	3.07	2.84	2.68	2.57	2.49	2.42	2.37	2.32	2.25	2.18	2.10	2.05	2.01	1.96	1.92
22	4.30	3.44	3.05	2.82	2.66	2.55	2.46	2.40	2.34	2.30	2.23	2.15	2.07	2.02	1.98	1.94	1.89
23	4.28	3.42	3.03	2.80	2.64	2.53	2.44	2.37	2.32	2.27	2.20	2.13	2.05	2.00	1.96	1.91	1.86
24	4.26	3.40	3.01	2.78	2.62	2.51	2.42	2.36	2.30	2.25	2.18	2.11	2.03	1.97	1.94	1.89	1.84
25	4.24	3.39	2.99	2.76	2.60	2.49	2.40	2.34	2.28	2.24	2.16	2.09	2.01	1.96	1.92	1.87	1.82
26	4.23	3.37	2.98	2.74	2.59	2.47	2.39	2.32	2.27	2.22	2.15	2.07	1.99	1.94	1.90	1.85	1.80
27	4.21	3.35	2.96	2.73	2.57	2.46	2.37	2.31	2.25	2.20	2.13	2.06	1.97	1.92	1.88	1.84	1.79
28	4.20	3.34	2.95	2.71	2.56	2.45	2.36	2.29	2.24	2.19	2.12	2.04	1.96	1.91	1.87	1.82	1.77
29	4.18	3.33	2.93	2.70	2.55	2.43	2.35	2.28	2.22	2.18	2.10	2.03	1.94	1.89	1.85	1.81	1.75
30	4.17	3.32	2.92	2.69	2.53	2.42	2.33	2.27	2.21	2.16	2.09	2.01	1.93	1.88	1.84	1.79	1.74
40	4.08	3.23	2.84	2.61	2.45	2.34	2.25	2.18	2.12	2.08	2.00	1.92	1.84	1.78	1.74	1.69	1.64
60	4.00	3.15	2.76	2.53	2.37	2.25	2.17	2.10	2.04	1.99	1.92	1.84	1.75	1.69	1.65	1.59	1.53
120	3.92	3.07	2.68	2.45	2.29	2.18	2.09	2.02	1.96	1.91	1.83	1.75	1.66	1.60	1.55	1.50	1.43
∞	3.84	3.00	2.61	2.37	2.21	2.10	2.01	1.94	1.88	1.83	1.75	1.67	1.57	1.51	1.46	1.39	1.32

[표 G–3] F–분포표(1%)

$F_{v_1, v_2}(.01)$

v_2 \ v_1	1	2	3	4	5	6	7	8	9	10	12	15	20	25	30	40	60
1	4052.	5000.	5403.	5625.	5764.	5859.	5928.	5981.	6023.	6056.	6106.	6157.	6209.	6240.	6261.	6287.	6313.
2	98.50	99.00	99.17	99.25	99.30	99.33	99.36	99.37	99.39	99.40	99.42	99.43	99.45	99.46	99.47	99.47	99.48
3	34.12	30.82	29.46	28.71	28.24	27.91	27.67	27.49	27.35	27.23	27.05	26.87	26.69	26.58	26.50	26.41	26.32
4	21.20	18.00	16.69	15.98	15.52	15.21	14.98	14.80	14.66	14.55	14.37	14.20	14.02	13.91	13.84	13.75	13.65
5	16.26	13.27	12.06	11.39	10.97	10.67	10.46	10.29	10.16	10.05	9.89	9.72	9.55	9.45	9.38	9.29	9.20
6	13.75	10.92	9.78	9.15	8.75	8.47	8.26	8.10	7.98	7.87	7.72	7.56	7.40	7.30	7.23	7.14	7.06
7	12.25	9.55	8.45	7.85	7.46	7.19	6.99	6.84	6.72	6.62	6.47	6.31	6.16	6.06	5.99	5.91	5.82
8	11.26	8.65	7.59	7.01	6.63	6.37	6.18	6.03	5.91	5.81	5.67	5.52	5.36	5.26	5.20	5.12	5.03
9	10.56	8.02	6.99	6.42	6.06	5.80	5.61	5.47	5.35	5.26	5.11	4.96	4.81	4.71	4.65	4.57	4.48
10	10.04	7.56	6.55	5.99	5.64	5.39	5.20	5.06	4.94	4.85	4.71	4.56	4.41	4.31	4.25	4.17	4.08
11	9.65	7.21	6.22	5.67	5.32	5.07	4.89	4.74	4.63	4.54	4.40	4.25	4.10	4.01	3.94	3.86	3.78
12	9.33	6.93	5.95	5.41	5.06	4.82	4.64	4.50	4.39	4.30	4.16	4.01	3.86	3.76	3.70	3.62	3.54
13	9.07	6.70	5.74	5.21	4.86	4.62	4.44	4.30	4.19	4.10	3.96	3.82	3.66	3.57	3.51	3.43	3.34
14	8.86	6.51	5.56	5.04	4.69	4.46	4.28	4.14	4.03	3.94	3.80	3.66	3.51	3.41	3.35	3.27	3.18
15	8.68	6.36	5.42	4.89	4.56	4.32	4.14	4.00	3.89	3.80	3.67	3.52	3.37	3.28	3.21	3.13	3.05
16	8.53	6.23	5.29	4.77	4.44	4.20	4.03	3.89	3.78	3.69	3.55	3.41	3.26	3.16	3.10	3.02	2.93
17	8.40	6.11	5.19	4.67	4.34	4.10	3.93	3.79	3.68	3.59	3.46	3.31	3.16	3.07	3.00	2.92	2.83
18	8.29	6.01	5.09	4.58	4.25	4.01	3.84	3.71	3.60	3.51	3.37	3.23	3.08	2.98	2.92	2.84	2.75
19	8.18	5.93	5.01	4.50	4.17	3.94	3.77	3.63	3.52	3.43	3.30	3.15	3.00	2.91	2.84	2.76	2.67
20	8.10	5.85	4.94	4.43	4.10	3.87	3.70	3.56	3.46	3.37	3.23	3.09	2.94	2.84	2.78	2.69	2.61
21	8.02	5.78	4.87	4.37	4.04	3.81	3.64	3.51	3.40	3.31	3.17	3.03	2.88	2.79	2.72	2.64	2.55
22	7.95	5.72	4.82	4.31	3.99	3.76	3.59	3.45	3.35	3.26	3.12	2.98	2.83	2.73	2.67	2.58	2.50
23	7.88	5.66	4.76	4.26	3.94	3.71	3.54	3.41	3.30	3.21	3.07	2.93	2.78	2.69	2.62	2.54	2.45
24	7.82	5.61	4.72	4.22	3.90	3.67	3.50	3.36	3.26	3.17	3.03	2.89	2.74	2.64	2.58	2.49	2.40
25	7.77	5.57	4.68	4.18	3.85	3.63	3.46	3.32	3.22	3.13	2.99	2.85	2.70	2.60	2.54	2.45	2.36
26	7.72	5.53	4.64	4.14	3.82	3.59	3.42	3.29	3.18	3.09	2.96	2.81	2.66	2.57	2.50	2.42	2.33
27	7.68	5.49	4.60	4.11	3.78	3.56	3.39	3.26	3.15	3.06	2.93	2.78	2.63	2.54	2.47	2.38	2.29
28	7.64	5.45	4.57	4.07	3.75	3.53	3.36	3.23	3.12	3.03	2.90	2.75	2.60	2.51	2.44	2.35	2.26
29	7.60	5.42	4.54	4.04	3.73	3.50	3.33	3.20	3.09	3.00	2.87	2.73	2.57	2.48	2.41	2.33	2.23
30	7.56	5.39	4.51	4.02	3.70	3.47	3.30	3.17	3.07	2.98	2.84	2.70	2.55	2.45	2.39	2.30	2.21
40	7.31	5.18	4.31	3.83	3.51	3.29	3.12	2.99	2.89	2.80	2.66	2.52	2.37	2.27	2.20	2.11	2.02
60	7.08	4.98	4.13	3.65	3.34	3.12	2.95	2.82	2.72	2.63	2.50	2.35	2.20	2.10	2.03	1.94	1.84
120	6.85	4.79	3.95	3.48	3.17	2.96	2.79	2.66	2.56	2.47	2.34	2.19	2.03	1.93	1.86	1.76	1.66
∞	6.63	4.61	3.78	3.32	3.02	2.80	2.64	2.51	2.41	2.32	2.18	2.04	1.88	1.78	1.70	1.59	1.47

[표 H] 표준 정규분포표

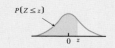

$P(Z \leq z)$

z	.00	.01	.02	.03	.04	.05	.06	.07	.08	.09
.0	.5000	.5040	.5080	.5120	.5160	.5199	.5239	.5279	.5319	.5359
.1	.5398	.5438	.5478	.5517	.5557	.5596	.5636	.5675	.5714	.5753
.2	.5793	.5832	.5871	.5910	.5948	.5987	.6026	.6064	.6103	.6141
.3	.6179	.6217	.6255	.6293	.6331	.6368	.6406	.6443	.6480	.6517
.4	.6554	.6591	.6628	.6664	.6700	.6736	.6772	.6808	.6844	.6879
.5	.6915	.6950	.6985	.7019	.7054	.7088	.7123	.7157	.7190	.7224
.6	.7257	.7291	.7324	.7357	.7389	.7422	.7454	.7486	.7517	.7549
.7	.7580	.7611	.7642	.7673	.7703	.7734	.7764	.7794	.7823	.7852
.8	.7881	.7910	.7939	.7967	.7995	.8023	.8051	.8078	.8106	.8133
.9	.8159	.8186	.8212	.8238	.8264	.8289	.8315	.8340	.8365	.8389
1.0	.8413	.8438	.8461	.8485	.8508	.8531	.8554	.8577	.8599	.8621
1.1	.8643	.8665	.8686	.8708	.8729	.8749	.8770	.8790	.8810	.8830
1.2	.8849	.8869	.8888	.8907	.8925	.8944	.8962	.8980	.8997	.9015
1.3	.9032	.9049	.9066	.9082	.9099	.9115	.9131	.9147	.9162	.9177
1.4	.9192	.9207	.9222	.9236	.9251	.9265	.9279	.9292	.9306	.9319
1.5	.9332	.9345	.9357	.9370	.9382	.9394	.9406	.9418	.9429	.9441
1.6	.9452	.9463	.9474	.9484	.9495	.9505	.9515	.9525	.9535	.9545
1.7	.9554	.9564	.9573	.9582	.9591	.9599	.9608	.9616	.9625	.9633
1.8	.9641	.9649	.9656	.9664	.9671	.9678	.9686	.9693	.9699	.9706
1.9	.9713	.9719	.9726	.9732	.9738	.9744	.9750	.9756	.9761	.9767
2.0	.9772	.9778	.9783	.9788	.9793	.9798	.9803	.9808	.9812	.9817
2.1	.9821	.9826	.9830	.9834	.9838	.9842	.9846	.9850	.9854	.9857
2.2	.9861	.9864	.9868	.9871	.9875	.9878	.9881	.9884	.9887	.9890
2.3	.9893	.9896	.9898	.9901	.9904	.9906	.9909	.9911	.9913	.9916
2.4	.9918	.9920	.9922	.9925	.9927	.9929	.9931	.9932	.9934	.9936
2.5	.9938	.9940	.9941	.9943	.9945	.9946	.9948	.9949	.9951	.9952
2.6	.9953	.9955	.9956	.9957	.9959	.9960	.9961	.9962	.9963	.9964
2.7	.9965	.9966	.9967	.9968	.9969	.9970	.9971	.9972	.9973	.9974
2.8	.9974	.9975	.9976	.9977	.9977	.9978	.9979	.9979	.9980	.9981
2.9	.9981	.9982	.9982	.9983	.9984	.9984	.9985	.9985	.9986	.9986
3.0	.9987	.9987	.9987	.9988	.9988	.9989	.9989	.9989	.9990	.9990
3.1	.9990	.9991	.9991	.9991	.9992	.9992	.9992	.9992	.9993	.9993
3.2	.9993	.9993	.9994	.9994	.9994	.9994	.9994	.9995	.9995	.9995
3.3	.9995	.9995	.9995	.9996	.9996	.9996	.9996	.9996	.9996	.9997
3.4	.9997	.9997	.9997	.9997	.9997	.9997	.9997	.9997	.9997	.9998
3.5	.9998	.9998	.9998	.9998	.9998	.9998	.9998	.9998	.9998	.9998

[표 l] Student's *t*-분포표

d.f. v	α							
	.250	.100	.050	.025	.010	.00833	.00625	.005
1	1,000	3,078	6,314	12,706	31,821	38,190	50,923	63,657
2	.816	1,886	2,920	4,303	6,965	7,649	8,860	9,925
3	.765	1,638	2,353	3,182	4,541	4,857	5,392	5,841
4	.741	1,533	2,132	2,776	3,747	3,961	4,315	4,604
5	.727	1,476	2,015	2,571	3,365	3,534	3,810	4,032
6	.718	1,440	1,943	2,447	3,143	3,287	3,521	3,707
7	.711	1,415	1,895	2,365	2,998	3,128	3,335	3,499
8	.706	1,397	1,860	2,306	2,896	3,016	3,206	3,355
9	.703	1,383	1,833	2,262	2,821	2,933	3,111	3,250
10	.700	1,372	1,812	2,228	2,764	2,870	3,038	3,169
11	.697	1,363	1,796	2,201	2,718	2,820	2,981	3,106
12	.695	1,356	1,782	2,179	2,681	2,779	2,934	3,055
13	.694	1,350	1,771	2,160	2,650	2,746	2,896	3,012
14	.692	1,345	1,761	2,145	2,624	2,718	2,864	2,977
15	.691	1,341	1,753	2,131	2,602	2,694	2,837	2,947
16	.690	1,337	1,746	2,120	2,583	2,673	2,813	2,921
17	.689	1,333	1,740	2,110	2,567	2,655	2,793	2,898
18	.688	1,330	1,734	2,101	2,552	2,639	2,775	2,878
19	.688	1,328	1,729	2,093	2,539	2,625	2,759	2,861
20	.687	1,325	1,725	2,086	2,528	2,613	2,744	2,845
21	.686	1,323	1,721	2,080	2,518	2,601	2,732	2,831
22	.686	1,321	1,717	2,074	2,508	2,591	2,720	2,819
23	.685	1,319	1,714	2,069	2,500	2,582	2,710	2,807
24	.685	1,318	1,711	2,064	2,492	2,574	2,700	2,797
25	.684	1,316	1,708	2,060	2,485	2,566	2,692	2,787
26	.684	1,315	1,706	2,056	2,479	2,559	2,684	2,779
27	.684	1,314	1,703	2,052	2,473	2,552	2,676	2,771
28	.683	1,313	1,701	2,048	2,467	2,546	2,669	2,763
29	.683	1,311	1,699	2,045	2,462	2,541	2,663	2,756
30	.683	1,310	1,697	2,042	2,457	2,536	2,657	2,750
40	.681	1,303	1,684	2,021	2,423	2,499	2,616	2,704
60	.679	1,296	1,671	2,000	2,390	2,463	2,575	2,660
120	.677	1,289	1,658	1,980	2,358	2,428	2,536	2,617
∞	.674	1,282	1,645	1,960	2,326	2,394	2,498	2,576

● 참고문헌 ●

[국내문헌]

고하영(2004), 식품평가, 석학당.

구난숙, 김향숙, 이경애, 김미정(2014). 식품관능검사 이론과 실험. 교문사.

김광옥, 김상숙, 성내경, 이영춘(1993), 감각검사 방법 및 응용, 신광출판사.

김광옥, 이영춘(2003), 식품의 감각검사, 학연사.

김기숙(1996), 조리방법별 조리과학 실험, 교학연구사.

김기숙, 김향숙, 오명숙, 황인경(2005), 조리과학, 수학사.

김기영, 전병식(1994), 다변량통계자료분석, 자유아카데미.

김상숙(2005), 학교, 전문회사 그리고 연구기관에서의 감각검사, 식품과학과 산업 38(1), 22~27.

김완수, 신말식, 정해정, 김미정(2006), 조리과학 및 실험. 라이프사이언스.

김우정, 구경형(2003), 식품감각검사법, 도서출판 효일.

김향숙, 오명숙, 황인경(2014). 조리과학. 수학사.

김혜영, 김미리, 고봉경(2004), 식품품질평가. 도서출판 효일.

김희섭, 박해나, 김향, 김광옥(2005), 효과적인 감각검사, 어떻게 수행할 것인가? 식품과학과 산업 38(1), 2~7.

박성현(2003), 현대실험계획법, 민영사.

서동순, 박재연(2005), 식품 산업체에서의 감각검사 연구, 식품과학과 산업 38(1), 28~33.

서동순, 김지윤, 정서진, 전선영, 이소민, 이윤미, 홍재희, 김상숙, 김영경, 이은경(2021). 감각검사 원리에서 활용까지. 파워북.

송혜향, 박용규(1993), SAS를 이용한 통계학 연습, 경문사.

안승요, 황인경, 김향숙, 구난숙, 신말식, 최은옥, 이경애(2005), 식품화학, 교문사.

이종호, 서문식, 서용한, 김문태, 천명환(2005), 인터넷마케팅 이론과 실제, 학현사.

이주희, 김미리, 민혜선, 이영은, 송은승, 권순자, 김미정, 송효남(2008), 과학으로 풀어쓴 식품과 조리원리, 교문사.

이철호, 채수규, 이진근(1991), 식품공업품질관리론, 유림문화사.

이철호, 채수규, 이진근, 고경희, 손혜숙(2004), 식품평가 및 품질관리론, 유림문화사.

이학식, 안광호, 하영원(2000), 소비자행동 - 마케팅 전략적 접근, 법문사.

전희정(1995), 실험조리, 교문사.

정서진(2005), 감각검사 data에 대한 다변량분석 기법 적용, 식품과학과 산업 38(1), 15~21.

주정은, 남연화, 이경애(2006), 쌀가루 혼합분으로 제조한 스폰지 케이크의 품질 특성, 한국식품조리과학회지, 22-6, 923-929.

최유미, 윤혜현(2011), 생두 가공법에 따른 에스프레소 커피의 관능 특성, 한국식품조리과학회지, 27-6.

하귀현, 이진순, 김미경 김영순, 김정숙(2003), 새로운 실험조리, 지구문화사.

함봉진, 주윤황(2010), 인터넷마케팅, 두남.

황인경, 김미라, 송효남, 문보경, 이선미, 서한석(2010), 식품품질관리 및 감각검사, 교문사.

황인경, 김미라, 송효남, 문보경, 이선미(2014), 식품품질 관리 및 관능검사, 교문사.

[국외문헌]

ASTM(1977), Manual on sensory testing methods, ASTM Special Technical Publi- cation 434.

Adamarie Campbell, Marjorie Porter Penfield and Ruth M. Griswold(1979), The exper- imental study of food, Houghton Mifflin Company.

Cater, K. and Riskey, D.(1990), The role of sensory research and marketing research in bringing product to market, Food Technol 44(11), 160~166.

Edgar Chambers IV, Mona Baker Wolf, editors(1996), Sensory testing methods; 2nd ed., ASTM, West.

Helen Charley(1982), Food Science, John Wiley & Sons.

Herbert Stone and Joel L. Sidel(2004), Sensory evaluation practices, 3rd ed., Academic Press.

Howard Moskowitz(1988), Applied sensory analysis of foods vol I, II, CRC Press.

Larmond, E(1977), Laboratory methods for sensory evaluation of food, Publication 1637. Research Branch. Canada dept. Agric., Canada.

Margaret McWilliams(2001), Foods : Experimental perspectives, 4th ed., Merrill Prentice Hall.

Marrion Bennion and Barbara Scheule(2000), Introductory foods, 11th ed., Prentice Hall.

Maynard A. Amerine, Rose Marie Pangborn and Edward B. Rossler(1965), Principles of sensory evaluation of food, Academic press.

Maximo C. Gacula, Jr. and Jagbir Singh(1984), Statistical methods in food and consumer research, Academic Press.

McDermott, B. J.(1990), Identifying consumers and consumer test subjects, Food Technol 44(11), 154~158.

Meilgaard, M., Civille, G.V., & Carr, B.T.(1999), Sensory evaluation techniques, vol I. 3rd ed., CRC Press, Inc., Boca Raton, FL, USA.

Meilgaard, M., Civille, G.V., and Carr, B.T.(1999), Sensory evaluation techniques, vol II. 3rd ed., CRC Press, Inc., Boca Raton, FL, USA.

Mahony, M. and Hye Seong Lee(2005), The goals of sensory measurement: Avoiding confusion, Food Sci. Biotechnology(FSB), 38(1), 8~14.

Peter S. Murano(2003), Understanding food science and technology, Thompson.

Rutledge, K. P. and Hudson J. M.(1990), Sensory evaluation: Method for establishing and training a descriptive flavor analysis panel, Food Technol., 44(11), 78~84.

Zelek, E. F.(1990), Legal aspects of sensory analysis. Food Technol 44(11), 168~174.

[인터넷 사이트]

국립농산물품질관리원 홈페이지 https://www.naqs.go.kr

먼셀 색체계 https://www.britannica.com/science/Munsell-color-system

헌터 색체계 https://support.hunterlab.com/hc/en-us/articles/211090003-3-Color-Scales

CIE 색체계 http://www.3nhcolor.com/news/161-671.html